U0226394

资源节约与环境保护丛书

内陆盐沼湿地变化与管理

以吉林向海国家级自然保护区为例

The Change and Management of Inland Salt Marsh: Taking Xianghai National Nature Reserve in Jilin Province as an Example

刘吉平　徐　喆◎著

本书得到中央财政林业科技推广示范资金项目“基于高光谱遥感的湿地水禽生境保护有效性评估与修复技术示范推广”（吉推〔2014〕16号）、吉林省科技厅自然科学基金项目“湿地恢复方式对土壤有机碳的影响及其机理研究”（20180101085JC）的资助。

经济管理出版社
ECONOMY & MANAGEMENT PUBLISHING HOUSE

图书在版编目（CIP）数据

内陆盐沼湿地变化与管理：以吉林向海国家级自然保护区为例 / 刘吉平，徐喆著. —北京：经济管理出版社，2020. 8

ISBN 978-7-5096-7314-0

Ⅰ. ①内… Ⅱ. ①刘… ②徐… Ⅲ. ①自然保护区—盐沼泽—研究—通榆县

Ⅳ. ①P942. 344. 78

中国版本图书馆 CIP 数据核字（2020）第 139201 号

组稿编辑：王光艳

责任编辑：姜玉满

责任印制：黄章平

责任校对：王淑卿

出版发行：经济管理出版社

（北京市海淀区北蜂窝 8 号中雅大厦 A 座 11 层　100038）

网　　址：www. E-mp. com. cn

电　　话：（010）51915602

印　　刷：北京晨旭印刷厂

经　　销：新华书店

开　　本：720mm×1000mm /16

印　　张：12. 5

字　　数：232 千字

版　　次：2020 年 8 月第 1 版　　2020 年 8 月第 1 次印刷

书　　号：ISBN 978-7-5096-7314-0

定　　价：68. 00 元

前言

在联合国环境规划署（United Nations Environment Programme，UNEP）委托世界自然保护联盟（International Union for Conservation of Nature，IUCN）编制的《世界自然资源保护大纲》中，湿地与森林和海洋一起并称为全球三大系统。湿地作为比较优良的资源环境，有着丰富的水资源，是重要的水资源储备库，同时有助于抵御洪、涝等灾害，利于治理环境污染问题，提高污水的净化效率。由于自然系统和人类社会的演进，湿地处于持续变化中，而且受人类影响的程度和节奏在最近数十年来达到了前所未有的规模，导致天然湿地面积锐减，湿地破碎化程度增加，湿地生态系统退化和湿地功能丧失。

吉林向海国家级自然保护区在1981年通过吉林省人民政府批准，成立了以保护丹顶鹤、大鸨、东方白鹳等国家级珍稀鸟类及其繁殖栖息地和保护蒙古黄榆天然林等稀有植物群落为主的省级自然保护区，是内陆盐沼湿地的集中分布区。向海原始的自然风貌、特殊的地理环境、广阔的沼泽湿地孕育着丰富多彩的野生动植物资源。目前，吉林省向海国家级自然保护区由于放牧、开荒、捕鱼和割苇等人为活动，其环境已经遭到一定程度的破坏，对以湿地为主要栖息地的鹤类等水鸟及其湿地生态系统的健康构成了严重威胁。同时，向海湿地属于季风气候边缘区，具有典型的环境敏感性和脆弱性，这种生态系统经受不起人类强度较大活动的影响，平衡极易被打破，保护向海湿地，保护东亚—澳大利亚迁飞路线的重要驿站，保护珍稀鸟类和半荒漠沙丘植物种植资源，既推进了我国自然保护进程，又具有国际意义，同时保护和建设向海湿地自然保护区对保护生物多样性，维持区域环境，减少灾害，发展当地经济，综合治理吉林西部生态环境问题，实现区域可持续发展等均有十分重要的意义。

本书在分析向海自然保护区湿地景观格局动态变化的基础上，研究湿地的小气候效应及湿地水质时空变化特征，探讨湿地生物多样性的动态变化规律，并对退化沼泽湿地进行修复及评价，讨论湿地恢复对土壤养分的影响，最后提出湿地保护管理的对策与建议。因此，本书是按照“湿地变化—湿地恢复—湿地保护、管理”这一思路进行研究的，可为湿地生态学、湿地恢复学以及湿地管理学的发展提供理论补充。本书共分为八章，第一章阐明了研究的背景、目的与意义，国内外研究现状及发展趋势，以及向海自然保护区的概况。第二章研究了向海自然保护区湿地景观格局动态变化特征，以两年为时间间隔，应用地理信息系统（GIS）、遥感（RS）技术，从类型尺度上对1990~2016年向海国家级自然保护区沼泽湿地景观空间格局变化进行研究；通过选取影响沼泽湿地斑块稳定性的相关指标，构建湿地斑块稳定性模型，从斑块尺度上分析1985~2015年向海国家级自然保护区以及周边地区的沼泽湿地斑块稳定性的时空变化规律，并分析其驱动机制。第三章针对向海国家级自然保护区，通过与通榆县温度、相对湿度、风速等进行对比分析，研究向海国家级自然保护区湿地生长季（5~9月）小气候效应。结合Landsat-OLI遥感影像以及野外实测的水质数据，运用经验分析方法对向海湿地水体中叶绿素a、总悬浮物和浊度进行建模分析，研究向海湿地水质的时空变化规律。第四章基于“3S”技术，采用样线法和样点法相结合的方法，研究水分和人为干扰梯度下植物物种多样性的变化特征，并对保护区湿地鸟类多样性进行调查，从季节变化和景观类型上研究该地区鸟类种类组成、数量分布和空间变化，分析鸟类多样性的变化规律。第五章在筛选湿地修复效果评估指标的基础上，基于压力—状态—响应理论，利用层次分析法构建湿地修复效果评估模型，对退化湿地修复效果进行评估。第六章以不同恢复期限的芦苇和香蒲湿地为研究对象，以自然芦苇湿地和香蒲湿地为参考，分析向海国家级自然保护区生长季恢复湿地土壤养分的分布特征，并揭示其影响因素。第七章在湿地景观、气候、水文、土壤、生物变化研究的基础上，结合人类活动和政策的影响，分析向海国家级湿地自然保护区在保护过程中存在的问题。第八章结合湿地保护管理的相关理论与原则，探讨盐沼湿地保护与管理的策略和途径，提出湿地保护管理的建议。

本书是在国家林业成果转化项目“基于高光谱遥感的湿地水禽环境保护有效性评估与修复技术示范推广”（吉推〔2014〕16号）、教育部新世纪优秀人才项目（NCET-12-730）和吉林省自然科学基金“湿地恢复方式对土壤有机碳的影响及其机理研究”（20180101085JC）等项目支持下完成的，凝聚了课题组所有成员的辛勤劳动，同时在数据处理与分析中也得到了丁聪、马长迪、梁晨、李会芬、张科、马兰、司微、高佳、永智丞、宗思迪、李俊峰、张婷婷等研究生的帮助，在此表示衷心感谢！

由于作者水平有限，以及内陆盐沼湿地变化过程与管理研究的复杂性，书中难免有疏漏与不妥之处，敬请各位同行与广大读者批评指正。

刘吉平

2019年8月29日

目
录

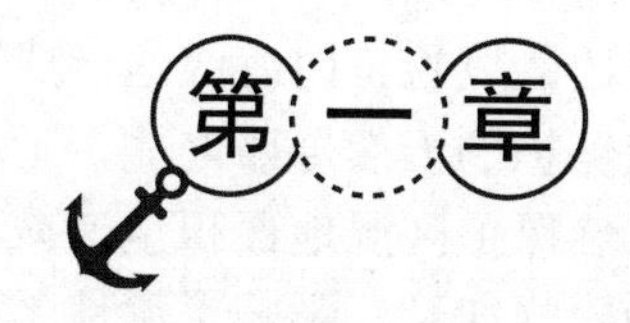

绪论

第一节　研究背景与意义

一、研究背景

湿地是地球表层独特而重要的生态系统，与森林、草原、农田和海洋等共同维持着地球表层生物多样性和生态平衡，是功能独特、不可替代的自然综合体。由于自然系统和人类社会的演进，湿地处于持续变化中，而且人类影响的程度和节奏在最近数十年来达到了前所未有的规模，导致天然湿地面积锐减，湿地破碎化程度增加，湿地生态系统退化和湿地功能丧失。湿地的保护和恢复已逐渐成为生态研究的热门话题。

松嫩平原西部位于我国北方农牧交错带的东段，地处中国湿润的东部季风和内陆干旱、半干旱的过渡带，属于生态脆弱区，受人类活动的影响较敏感，其土地利用方式在人类的作用下发生巨大变化，改变了各种生态过程，使生态环境不断恶化，而湿地的变化最为剧烈，成为区域生态环境恶化的重要原因。湿地萎缩造成生态环境恶化，将会使湿地生态系统造成严重破坏，影响区域生态环境的发展，导致湿地生态系统抗干扰能力大幅度减弱，不稳定性和脆弱性增加，生物多样性降低、严重威胁到区域可持续发展。但该区是内陆盐沼湿地的集中分布区之一，分布有九块国家重要湿地，其中向海湿地和扎龙湿地为国际重要湿地，所以湿地的气候调节功能以及蓄水功能显得尤为重要。

吉林向海国家级自然保护区在 1981 年通过吉林省人民政府批准，成立了以保护丹顶鹤、大鸨、东方白鹳等国家级珍稀鸟类及其繁殖栖息地和保护蒙古黄榆天然林等稀有植物群落为主的省级自然保护区。1986 年 7 月 9 日，经过中国国务院批准，国家级自然保护区成立了，关于 1992 年 1 月被列入世界重要湿地名录（A级），1993年5月18日加入“中国生物圈保护区网络”。在严格的保护与管理下，向海国家级自然保护区基本上保持了原始的风貌，向海湿地已成为维持该区生态平衡的关键因素，也是东部生态环境保护的天然屏障之一。近年来，受气候变化和人为活动的影响，向海国家级自然保护区湿地面积呈递减趋势，向海国家级自然保护区大气降水和气温变化的不规律性，影响了湿地本身的发展和湿地动植物的生存环境，导致生物多样性丧失，在一定程度上改变了湿地的水文与生物过程。近几十年来，在人为活动的剧烈影响下，向海国家级自然保护区原始的湿地生态系统遭到破坏，湿地的聚集程度和连通性均显著降低。目前，向海国家级自然保护区盐沼湿地原有的水文功能、生境功能、气候功能和生物地球化学功能退化明显，针对以上问题，国家初步实施了生态移民工程和水湖连通工程以达到保护和恢复湿地的目标。盐沼湿地为向海国家级自然保护区的一种重要湿地类型，其保护、恢复以及合理利用对该区域的生态安全意义重大。

本书以内陆盐沼湿地为研究对象，利用“3S”技术，结合野外调查与观测，在对内陆盐沼湿地景观、气候、水文、土壤、生物等变化研究的基础上，通过生物和工程措施修复退化盐沼湿地，探讨盐沼湿地保护与管理的策略和途径，为区域生态环境保护与可持续发展提供数据支撑和科学依据。

二、主要研究内容

（一）湿地景观格局动态变化及驱动力分析

以向海国家级自然保护区为研究区，以两年为时间间隔，应用地理信息系统、遥感技术，从类型尺度上对1990~2016年向海国家级自然保护区沼泽湿地景观空间格局变化进行研究；通过选取影响沼泽湿地斑块稳定性的相关指标，构建湿地斑块稳定性模型，从斑块尺度上分析1985~2015年向海国家级自然保护区以及周边地区的沼泽湿地斑块稳定性的时空变化规律，并分析其驱动机制。

（二）向海湿地小气候特征及水质变化

针对向海国家级自然保护区，通过与通榆县温度、相对湿度、风速等进行对比分析，研究向海国家级自然保护区湿地生长季（5~9月）小气候效应。结合Landsat-OLI遥感影像以及野外实测的水质数据，运用经验分析方法对向海湿地水体中叶绿素a、总悬浮物和浊度进行建模分析，研究向海湿地水质的时空变化规律。

（三）湿地生物多样性变化

基于“3S”技术，采用样线法和样点法相结合的方法，研究水分和人为干扰梯度下植物物种多样性的变化特征，并对保护区湿地鸟类多样性进行调查，从季节变化和景观类型上研究该地区鸟类种类组成、数量分布和空间变化，分析鸟类多样性的变化规律。

（四）湿地修复有效性评价及其对土壤养分的影响

在筛选湿地修复效果评估指标的基础上，基于压力—状态—响应理论，利用层次分析法构建湿地修复效果评估模型，对退化湿地修复效果进行评估。以不同恢复期限的芦苇湿地和香蒲湿地为研究对象，以自然芦苇湿地和香蒲湿地为参考，分析向海国家级自然保护区生长季恢复湿地土壤养分的分布特征，并揭示其影响因素。

（五）湿地保护管理现状、问题及对策

在湿地景观、气候、水文、土壤、生物变化研究的基础上，结合人类活动和政策的影响，分析向海国家级湿地自然保护区在保护过程中存在的问题，并结合湿地保护管理的相关理论与原则，探讨盐沼湿地保护与管理的策略和途径，提出湿地保护管理的建议。

三、研究意义

（一）理论意义

在一定时空尺度上探讨区域内的湿地格局、过程与功能，一直是湿地学研究的基础命题。探讨和预测分析湿地的变化趋势，认识湿地生态过程对湿地变化的驱动机理，对维护湿地系统的稳定性、湿地功能的再造、促进湿地与周边非湿地地区之间的协融性，以及保障湿地资源的永续利用至关重要（邓伟等，2012；张美美等，2013）。本书在分析向海国家级自然保护区湿地景观格局动态变化的基础上，研究湿地的小气候效应及湿地水质时空变化特征，探讨湿地生物多样性的动态变化规律，并对退化沼泽湿地进行修复及评价，讨论湿地恢复对土壤养分的影响，最后提出湿地保护管理的对策与建议。因此本书是按照“湿地变化—湿地恢复—湿地保护与管理”这一思路进行的研究，可为湿地生态学、湿地恢复学以及湿地管理学的发展提供理论补充。

（二）现实意义

吉林向海国家级自然保护区位于松嫩平原西部，属内陆湿地和水域生态系统保护区。受自然因素和社会经济因素的影响，该地区湿地面积逐渐萎缩，因此，保护和恢复湿地成为该地区生态恢复的一项重要任务。为此，吉林省政府开展了生态建设工程，把加强湿地保护和开发作为建设重点和方向，加大退耕还湿力度，通过“河湖连通”“引霍入向”“引洮入向”等重点湿地补水工程，对向海国家级自然保护区实施生态补水，以此充分发挥湿地调节区域生态环境的功能，促进区域生态环境改善，实现经济、社会与生态环境协调发展。因此本书从湿地变化入手，研究湿地变化及其对气候、水质、土壤、生物多样性的影响，并分析其驱动机制，探讨湿地保护管理的对策与建议，为减缓湿地破坏、修复湿地功能、稳定或改善区域整体生态环境，同时为政策制定者和土地规划者在制定相关保护政策，建设湿地自然保护区提供有利的参考依据。

第二节　国内外研究进展

一、湿地变化研究进展

空间格局演变及其驱动机制分析是地理学和景观生态学领域长期关注的热点问题（Wood et al.，2001；肖笃宁，1997；李建春，2014）。自 20 世纪 80 年代以来，景观生态学关于格局、过程、尺度及驱动机制分析等原理与方法逐渐应用于湿地科学领域中（秦罗义等，2014），推动了湿地格局演变特征及其驱动机制的研究（刘红玉等，2003；毕俊亮，2014）。

当前对湿地格局变化的研究主要包括分析湿地的景观格局（李山羊等，2016）、研究湿地景观类型的转化机制（刘吉平等，2016）、构建湿地景观动态变化模型（武慧智等，2015）、探讨湿地变化与气候等自然要素的关系（刘雁等，2015）等方面，主要通过定性描述法（刘吉平等，2016）、生态图叠置法（Fujihara et al.，2005）和数量分析法（Bai et al.，2013；邓伟、白军红，2012）等方法进行研究。随着传统方法的改进和新方法的出现，“3S”技术更多地被应用于湿地景观格局变化的研究中。国外学者借助“3S”技术对研究湿地系统的分类（Dong et al.，2014）、进行湿地的制图（Li et al.，2014）、监测湿地的动态（赵魁义，1999；Oberholster et al.，2014）等方面进行了相关广泛且深入的研究。目前研究的重点主要集中体现在湿地的演变及其驱动力方面上。如Getachew等（2012）通过对大型无脊椎动物和鸟类群落的比较对埃塞俄比亚北部人类活动对湿地生态完整性影响进行了评估，得出人类活动对湿地生态环境造成严重的生态失衡，提出人类应该设立长期的研究机制来监测湿地生态变化和种群动态变化；Nelson等（2002）从Landsat MSS数据入手，对美国巴拉塔里亚盆地1972~1999年土地覆盖类型进行提取和分析，研究结果显示湿地总面积增加，低洼林地面积将会持续减少，并推断出由于地面沉降导致湿地面积增加；Cowan和Turner（1988）对美国路易斯安那州沿海区域湿地景观格局变化进行深入分析，揭示土地利用变化、蓄水、地质变化等是导致湿地损失的主要因素。

景观学的相关方法也可作为研究湿地变化的有力工具。景观格局指数是景观格局信息的高度概括，是反映景观结构组成、空间配置特征的量化指标，是湿地景观格局研究的重要指标之一。国内对湿地景观格局的研究侧重于提取湿地信息、研究景观格局演变、确定与划分景观类型、评估湿地生态系统和规划湿地区域等方面，主要通过比较不同年份的区域景观格局指数变化，揭示湿地景观格局的变化过程及其时空格局。例如，张敏等（2016）利用GIS技术和景观格局指数方法，分析白洋淀湿地景观格局变化特征及其驱动力变化特征；周林飞等（2016）通过对辽宁省凌河口湿地自然保护区景观进行遥感分类，运用景观格局指数法，定量分析凌河口湿地的景观格局变化特征；孙贤斌等（2010）将地理信息系统和遥感技术应用于景观变化研究中，分析江苏盐城海滨地区湿地景观生态系统服务功能；刘晓辉等（2005）结合遥感和地理信息系统，探究向海湿地景观格局动态变化并为研究区资源环境保护提供依据。

湿地变化的驱动因子也是当前研究的热点之一。目前，应用数量分析法只能反映湿地格局和过程，不能表征湿地格局动态变化的驱动因素，更不能模拟与预测湿地格局演变的趋势。科学与社会实践中不但需要了解湿地类型间的转化及其空间分布特征，更重要的是要清楚湿地格局变化的原因。湿地时空格局演变是自然与社会经济因素等综合作用的结果（Bai et al.,2013；张亚玲，2014；王传辉等，2014），因此确定各种驱动因子在湿地时空格局演变中所起的作用，将有助于深入分析湿地时空格局演变的原因及其发展趋势（张秋菊等，2003；许吉仁等，2013；魏强等，2014）。湿地时空格局演变驱动机制分析的关键主要有两个方面，一方面是确定有哪些驱动因子引起湿地时空格局演变；另一方面是定量分析引起湿地时空格局发生演变的各驱动因子之间的相对重要性（傅伯杰等，2006；侯鹏等，2014）。目前关于湿地时空格局演变驱动机制的研究案例尚不丰富，还没有形成完善的理论框架与系统的研究方法。

定量分析湿地时空格局演变驱动力的关键在于，如何在一个模型中最大限度地量化各个驱动因子并体现它们之间的相对重要性。目前国内外学者主要采用经验模型和统计模型方法对湿地时空格局演变的驱动力进行定量分析（周德民等，2007；Serra et al.，2008；Zhou et al.，2009；宫兆宁等，2011；Larsen and Harvey，2011；Alfredo et al.，2013；孙才志等，2014）。但目前所应用的驱动机制模型（统计模型和经验模型）均存在简化现实并且仅仅关注少数几种驱动力的现象（Lambin，2001；赵琳，2014；杨娟等，2014）。湿地生态系统的独特性及驱动力系统的复杂性需要从多学科合作的角度分析湿地时空格局演变的驱动力问题（Gong et al.，2013；苏维词等，2014）。但是，多因子交互作用识别是一个理论难题，缺少有效方法。目前有效的方法是 Wang 等（2010）提出的地理探测器模型（Geographical Detectors），能有效识别因子间的相互关系，探测各因子对模型的贡献率，能从庞大的空间数据库中提取有用的空间关联规则，如利用地理探测器研究中国 2008 年汶川地震死亡率小于 5%的风险评估以及对中国和顺地区出现神经中枢缺陷疾病致病因子的研究（Wang et al.，2010）。但这种方法仅用于灾害和疾病的研究，在其他领域应用得较少。刘吉平等（2017）将地理探测器模型引进湿地变化驱动力的定量研究中，具有以下优点：①可以定量分析引起湿地变化各驱动因子之间的相对重要性；②定量分析各驱动因子在湿地变化中的相互作用（协同作用、拮抗作用或相互独立）；③地理探测器模型的驱动因子既可以是可量化因子，也可以是定性因子。

二、湿地恢复研究进展

国外在湿地恢复研究方面，以英国、美国、加拿大、日本等发达国家居于世界前列，在湿地恢复方面形成了完整的理论基础并积累了丰富的实践经验。欧美国家在生态恢复中所采用的主要技术手段有三种：①基底修复技术：在欧美等国家，实施基底修复时，常常以受损湿地附近航道疏浚、运河疏挖等产生的工程弃土为基底原料，采用原位吹填的方式直接修复基底（Messarosr，2012；Ford et al.，1999）；②水动力修复技术：在欧美等国，盐沼湿地的退化问题最为常见，主要由于筑堤、建桥、修路等人为活动造成盐沼湿地与近岸水体的连接度下降，水体淡化导致盐沼植物被芦苇、香蒲等淡水种所替代（Gedan et al.，2009；Roman et al.，1984），因此“水动力修复”技术是目前欧美国家最为常见的盐沼湿地恢复手段；③植物引种技术：植物引种技术主要针对一些植物自然生长过缓，或对植物物种有特定要求的恢复湿地实施，常见的有“种子播撒”“外来植物移栽”“原位植物移栽”三种方式（Zedler，2000；Broomes et al.，1988）。

继《国际湿地公约》（拉萨姆 Ramsar 公约）颁布以来，美国已开展了大量有关湿地保护与恢复方面的工作，并取得一定的成效（安树青，2003）。此后的几十年美国联邦政府环境保护局（EPA）清洁湖泊项目（CLP）的313个湿地恢复项目得到政府资助，同时美国的水利科技部（WSTB）、国家研究委员会（NRC）、环保局和农业部（USDA）也对此开展了大量研究（李春晖等，2009）。比如美国著名的五大湖、佛罗里达大沼泽等因工农业污染、环境恶化，通过建立污水收集管网、重新配置植物群落等措施，逐步恢复并完善了湖泊湿地的生态功能（岳峰，2011）。

我国对退化湿地的生态修复、重建的研究与实践开始于20世纪70年代。研究主要集中于富营养化湖泊和滩涂以及一些城市湿地的生态恢复方面（王建华等，2007）。近些年，国内湿地生态恢复方面的研究水平不断提高，湿地恢复采用的方法主要分为自然恢复方法和人工辅助恢复方法。自然恢复方法即是恢复自然水文模式，如流量、流速、水位季节波动和年际波动等来恢复湿地的生态过程的方式；人工辅助恢复方法是采取生物措施对湿地恢复的方式，一般在缓冲区和实验区以人工辅助恢复为主。如人工筑巢、植物移植等。湿地在生态恢复中采用的技术可以分为三大类：一是湿地生境恢复技术，包括湿地基地恢复、湿地水状况恢复和湿地土壤恢复等；二是湿地生物恢复技术，包括物种选育和培植技术、物种引入技术、物种保护技术等；三是生态系统结构与功能恢复技术，主要包括生态系统总体设计技术、生态系统构建与集成技术等（党丽霞，2013）。

中国政府于1994年制定的“中国21世纪议程”已经把水污染控制和湿地生态系统的保护和恢复作为我国的长期奋斗目标（许木启、黄玉瑶，1998）。近年来我国对巢湖、云滇池、太湖、白洋淀等湿地的生态恢复获得了许多成功经验（李春晖、沈楠，2009）。我国对湿地生态修复的研究发展很快，许多城市及地区都开展了湿地生态修复，如东北地区松花江流域的哈尔滨、长春；华北地区海河流域的天津、黄河流域的济南；长江中下游地区的杭州、上海；西北地区的西安以及青藏高原的拉萨拉鲁湿地都实施了重大的城市湿地生态修复工程（凌铿，2004）。对于自然状态下野外湿地的生态修复研究目前主要有李荫玺等（2007）对云南星云湖大街河口湖滨湿地修复进行研究；郑根清和汪全胜（2008）对浙江大荡漾湿地修复工程措施进行了研究探讨；周小春（2013）对植被在湿地修复中的应用进行了研究；冯迪江（2013）对白塔湖湿地生态修复进行了探讨等。

但目前在湿地生态恢复中仍存在一些问题，主要表现在：①所选恢复区域典型性不强。恢复区域内受到不同程度破坏的盐沼湿地相应地需要不同程度地进行恢复，但由于对其恢复潜力无法评估，因此，在选取恢复目标时存在盲目性。②所利用恢复技术单一粗放。某一种恢复技术有时只能恢复受损湿地的某一方面，无法完全对受损湿地进行整体恢复。③恢复效果评估无统一标准。湿地生态恢复后，利用哪些指标来对恢复效果进行评估或采用怎样的标准来评估湿地的恢复效果至今仍没有一个科学合理的统一标准。④具有针对性的内陆盐沼湿地恢复技术较少。现如今，大多数盐沼湿地恢复技术集中于滨海地区，而针对内陆地区的盐沼湿地恢复技术较少，导致在恢复技术的应用及其集成过程中的针对性不强，无法对盐沼湿地进行有效恢复。因此，在今后的湿地生态恢复研究中，应在选取具有代表性的恢复区域的基础上，进一步优化组合湿地生态恢复技术，科学制定恢复效果评估标准，推动湿地生态恢复的技术与理论创新，以达到改善该地区生态环境质量，提高当地的经济效益，保障区域社会系统的协调可持续发展的目标。

三、湿地保护管理研究进展

（一）国外湿地保护管理现状分析

湿地作为自然界中生物物种最为丰富的生态景观，是陆域生态系统和水域生态环境的过渡区域，具有稳定环境、物种基因保护和资源利用功能，被誉为自然之肾 、生物基因库和人类摇篮（孙广友，2000；Lunetta and Balogh，1999）。然而，在全球气候变化的大背景下，加上人类不合理的活动（过度放牧、围湖造田以及毁林开荒等），湿地景观格局发生变化，面积锐减，同时湿地的一些生态功能即将消失。湿地的丧失和退化已经严重损害了当地社区的福祉状况 ，同时也对世界，尤其是旱区发展中国家的发展前景产生了不利的影响（张永民、赵士洞、郭荣朝，2008）。由此，湿地生态系统的保护管理越来越受到人们重视，并成为国际社会关注的焦点。湿地生态系统管理是根据湿地生态系统固有的生态规律与外部扰动的反应进行各种调控，从而达到系统总体最优的过程。目的是达到预定保护和利用目的而组织和使用各种资源的过程（吕宪国、刘红玉，2004）。多年来，国内外学者采用不同研究方法对湿地生态系统的保护与管理进行研究，并取得较大的成果。

世界湿地保护经历了湿地过度开垦和破坏、湿地保护与控制利用、湿地全面保护与科学恢复三个阶段。相应地，世界湿地保护政策也经历了鼓励湿地利用、湿地保护与限制使用和“湿地零净损失”三个阶段。从面积的变化上看，湿地面积锐减，是世界各国湿地所面临的普遍问题。目前世界上现存的湿地保护主要有两种模式：一是以纯保护为主的湿地原生态区运作模式；二是偏重利用的湿地风景旅游区运作模式。美国联邦政府通过法律（如净水法）、经济鼓励和控制措施、湿地合作项目和建立国家野生动物保护区等措施保护湿地 。近年来施行了较大的湿地保护工程，如佛罗里达州南部大沼泽地的引水恢复和夏威夷珊瑚礁保护区的建立。

（二）我国湿地保护管理现状分析

我国湿地资源丰富，在全球占据重要地位，湿地资源的利用对推动我国区域发展发挥了重大作用，但湿地生态环境破坏、湿地资源退化的问题也明显存在。和世界各国一样，我国对湿地资源的保护经历了从认识不足到加强重视的过程。为尽快扭转我国湿地面积减少、生态功能退化的局面，我国对湿地资源进行有效的保护与管理。

我国高度重视湿地保护管理工作，采取了多种措施切实推动湿地保护的进程，如实施《全国野生动植物保护及自然保护区建设工程》和《全国湿地保护工程》等项目以及建立自然保护区和湿地公园等。然而，随着人口的增加和社会经济的发展，很多湿地资源和湿地功能仍遭受着严重威胁和破坏，湿地保护管理面临新的挑战（An et al.，2007）。

（三）与湿地保护管理相关的法律

1. 国外颁布的湿地保护法律法规

国外对于湿地保护做出了较大贡献，颁布了相关的法律法规，主要以美国、英国以及韩国为代表。

美国作为世界上领土面积第四大的国家，湿地资源分布较为广泛，目前拥有湿地面积约 1.11 亿公顷，是世界上湿地面积第二大的国家，同时也是世界上湿地研究比较先进的国家。美国的湿地政策先后经历了“湿地开发期—政策转型期—零净损失期”的历史演变。其关于湿地保护的法律也比较多，主要有《荒野地法令》《北美湿地保护法》《原始风景河流法》《深水港法》等。美国有比较完善的湿地保护法律体系支持，形成了以美国宪法为基础，联邦、州和地方政府湿地保护法相互配合的法律体系。美国湿地保护的法律体系虽然庞大，但是各项法律法规之间协调有序。例如，1972 年的《清洁水法》第 404 条款规定，任何主体在填埋一块湿地前必须获得陆军工程兵团的批准，即许可证制度。该制度建立之后，湿地不得随意转换为农业用地。1985 年《农业法》中的沼泽地保护条款也通过拒绝向在 1985 年 12 月 23 日之后转化的湿地上进行农业生产的农民支付补贴，来控制湿地转化为农田的行为。《税收改革法》也紧跟着删除了对湿地改造进行税收的鼓励的规定，强调增加对保护湿地主体的鼓励性措施，主要为税收优惠政策，很好地提高了参与主体保护湿地的自觉性。美国一系列法律法规相互配合、互为补充，保证了法律的实施效果，实现了美国湿地保护的目标。

英国作为西欧的发达国家，虽然国土面积相对较小，但是湿地面积所占比重较大，拥有广泛的湿地资源。其列入湿地公约名录的湿地是缔约国当中数目最多的国家，其国内的湿地保护也是较为成功的。近年来，英国政府积极改变税收政策和能源政策，构建了一套相对完整的湿地保护法律体系和极具特色的法律制度，主要包括自然保护区制度、公共购买制度、湿地管理协议制度，完备的体系和制度建设使湿地受到的威胁和压力得到了有效的缓解。其中的湿地管理协议制度的法律基础是《野生动物和农村法》第 29 条的规定，该制度以契约的形式确定了管理机关与湿地所有权人在湿地保护中的权利和义务，很好地保护了协议确定的湿地区域。近年来，湿地管理协议制度的发展比较迅速但是该制度也有其难以克服的弱点。例如，协议有时间限制，并且该期限较短，无法编制长期的湿地保护规划，故而它只是暂时性地消除了对湿地的威胁，不利于湿地的长远保护。

韩国湿地政策与湿地法律同步发展是根据韩国对湿地保护与利用的不同态度进行划分的，其湿地保护立法先后经历了由“湿地开发期”（1990 年前）、“政策转型期”（1990~2005 年）再到“湿地保护期”（2005 年至今）的变迁。韩国湿地保护不论处于哪个时期，都有法律与其湿地政策相对应。韩国的湿地保护政策在制定时，各个部门之间保持着良好的互动。很多关于湿地保护的计划、决议，都是经过各个部门协商制定的，而由于湿地生态系统的特殊性，各部门之间联合制定湿地政策，一方面可以集思广益，充分发挥各个部门的优势，让湿地政策更加的科学，另一方面政策制定之时便由各部门协商，可以减少政策施行时因部门利益冲突而产生的摩擦，即便发生争议，部门间也比较容易进行交流协商，使争议能够得到快速、有效的解决。韩国政府采用诸多激励机制，鼓励民众作为第三种力量参与到湿地保护工作中去，充分调动其积极性，从而成为湿地保护公众参与的牢固基础和切实的推动力。韩国《湿地保护法实施细则》第 5 条规定：“当有必要听取当地居民的意见时，土地、运输与海洋部应政府要求召开听证会。”尽管法律规定，每个项目听证会的举行只有 2~3 人参与，在 2002 年之前非政府组织经常被要求参加听证会，而 2002 年之后，政府机关已经与民间组织开展合作，共同管理规划流程。此外韩国政府通过财政上大力支持湿地保护，例如，在湿地保护区内投入资金设立游客中心、设置湿地生态系统的教育课程等，提高公众对湿地价值的认识。

2. 我国颁布的湿地保护法律法规

与国外相比，我国在颁布湿地保护管理相关法律规制起步相对较晚，还将有待于进一步完善。以我国1992年加入《湿地公约》为分界线，将我国湿地管理的立法分为两个阶段，即起步阶段（1978~1991年）和稳步发展阶段（1992年至今）。在加入《湿地公约》之前，我国虽然有一些政策、法律法规中涉及有关“湿地”的条文，但是实质上并没有真正意义上的“湿地保护立法”。在加入《湿地公约》之后，我国积极开展湿地生态系统的调查工作，并制定一系列湿地保护管理的法律法规。

我国加入《湿地公约》之前的湿地保护管理的法律法规，早在20世纪70年代，湿地并没有明确的法律概念，1987年“湿地”的定义在国家官方文件——《中国自然保护纲要》中第一次出现，认为湿地就是沼泽和滩涂之合称。即便如此，这一阶段有关湿地的内容多体现在“土地”“水体”“沼泽”“滩涂”和“草地”“海滨”等用语之中，法律法规并未出现“湿地”这一名词，并且仅在《土地管理法》《渔业法》《海洋环境保护法》等环境资源法中有一些间接的规定。我国加入《湿地公约》后，“湿地”的综合概念开始出现在与我国湿地资源相关的部分法律规章中，在《自然保护区条例》《海洋自然保护区管理办法》等法规中均明确提出，应当建立湿地自然保护区，2004年国务院办公厅发出《关于加强湿地保护管理的通知》，全国各地普遍重视和加强湿地保护工作（赵峰等，2009）。先后出台的《中国湿地保护行动计划》《全国湿地保护工程规划》《推进生态文明建设规划纲要》（2013~2020年）等，提出湿地保护中长期目标，明确提出维护国家淡水安全的重要任务，划定湿地红线，虽然众人期待已久的《湿地保护法》仍未能出台，但是，这一时期，先后有19个省（自治区、直辖市）根据湿地保护的一般特点和各地的省情制定了各有侧重的地方性法规，例如，《黑龙江湿地保护条例》（2003）第一次将湿地资源档案管理制度、湿地补水机制、湿地监测机制等通过立法予以确立；《甘肃湿地保护条例》（2003）注重湿地的恢复治理；《广东省湿地保护条例》则从保护区域生态安全和生物多样性出发，确立重点湿地的范围等。2014年新修订的《环境保护法》第二条在界定“环境”一词的概念时，增加了“湿地”这一“自然因素”，虽然在整部《环境保护法》中仅仅出现一次，却有着重要意义，即说明我国立法者改变以往对湿地的观点，湿地作为一种独立的“自然因素”在环境保护基本法中得以明确保护，在湿地保护历史上意义非凡。该阶段，我国湿地保护和管理工作逐步向规范化、制度化、科学化的轨道迈进，推动了我国湿地保护事业的发展。

四、内陆盐沼湿地研究进展

《湿地公约》将内陆盐沼湿地定义为永久性咸水、半咸水、碱水沼泽与泡沼。在第二次全国湿地资源调查技术规程中，正式提出和制定了全国湿地综合分类系统，将内陆盐沼定义为受盐水影响，生长盐生植被的沼泽。以苏打为主的盐土，含盐量应大于0.7%；以氯化物和硫酸盐为主的盐土，含盐理应分别大于1.0%和1.2%。

向海湿地位于吉林省通榆县西部的向海国家级自然保护区内，属于典型的内陆盐沼湿地，受人类活动的影响，目前面临的主要问题为湿地面积大幅度萎缩、湿地功能退化（王立群等，2008）。针对内陆盐沼湿地面积锐减这一状况，需要对内陆盐沼湿地的时空变化特征进行长期性的研究。对内陆盐沼湿地的研究还集中于土壤元素、湿地生物、湿地水文三方面。如白军红等（2007）以向海为例，分析土壤剖面中碳氮磷等生源要素的季节动态变化特征及其影响因素。陈鹏等（2013）以新墩镇流泉村内陆盐沼湿地内的芦苇群落和长芭香蒲群落为对象，研究两个群落的植物物种及其组成特征。赵传冬等（2011）以黑龙江省扎龙湿地及其周边地区为研究区域，对该地区20年来土壤碳库的变化趋势进行研究。王小鹏等（2018）分析了兰州秦王川盐沼湿地土壤盐分梯度下角果碱蓬种群空间格局的集聚分布内在特征。罗金明等（2014）分析了扎龙盐沼湿地大中型土壤动物分布格局及其对湿地退化的响应。

因此，对内陆盐沼湿地的研究主要集中在土壤元素、湿地生物、湿地水文等方面的研究，对内陆盐沼湿地的格局变化、生物多样性、恢复及评价等方面的研究相对较少。

五、内陆盐沼湿地的研究热点与发展趋势

（一）加强内陆盐沼湿地格局—过程—功能的研究

现有的许多景观格局指数重复，且来自单纯的数理统计或拓扑计算公式而没有明确的生态学意义，缺乏空间位置含义，所能描述的仅是景观总体特征，无法反映具体生态过程和景观功能（He et al.，2000）。因此研究者需要结合研究目的选用生态意义明确的景观指数或构建新指数，以加强对湿地格局演变特征的研究。自20世纪80年代以来，以RS和GIS作为技术支撑的景观动态变化模型方法迅速发展，并逐渐应用于景观生态学领域（肖笃宁、李秀珍，1997；

刘力维等，2015）。近年来，利用该方法描述湿地景观格局动态变化特征，探索其内在规律性，已成为景观变化领域的一个基本研究方法（Vorpahl et al.，2009；Zhang et al.，2009；Wen et al.，2011；武慧智等，2015）。景观动态模型的普遍应用促进了湿地时空格局与过程的动态演变特征的研究（Hu et al.，2011；张玉红等，2015），然而，景观动态模型仍存在许多不足之处。现有模型多为基于矢量算法的模型，不能与海量的栅格数据有效结合；缺乏有效的检验方法；模型构建时没有考虑社会经济因素等（李书娟等，2004）。因此，如何提高现有景观动态模型对湿地时空格局与过程的分析能力，将是今后湿地格局研究领域需要重点关注的问题。

（二）借助 3S 技术提高内陆盐沼湿地信息处理效率和精度

目前内陆盐沼湿地研究多集中于某一年或短期内湿地资源调查，针对该类型湿地的长期动态变化及驱动机制研究尚且不足。遥感技术的发展使小尺度至全球尺度的湿地动态变化监测成为可能，兼有能回溯、范围大以及多时相等特点，为深入探究湿地的动态变化提供了强有力的手段。学者们利用遥感影像数据已经对国内外湿地数量和面积的变化特征开展了相关研究，对于湿地的解译较多采用基于像素的分类方法，仅依靠单个像元，然而面向对的分类方法则是以斑块为单元，是集合邻近像元为对象用来识别感兴趣的光谱要素，充分利用高分辨率的全色和多光谱数据的空间、纹理和光谱信息对图像分割和分类，以高精度的分类结果或者矢量输出（邓书斌，2010），再结合 Google Earth 和野外验证点对分类精度进行评价。面向对象的分类方法已被广泛应用于植被、居民点以及土地利用等地物信息识别（张春华等，2018；Ahmad et al.，2018；杨小艳等，2019），但在湿地解译中未得到充分的利用。面向对象的分类方法中每个对象内部的像元都具有拓扑关系，能够避免点状“噪声”的出现，在一定程度上提高影像的分类精度，因此采用面向对象的分类方法来获得长时间序列、高时空分辨率和高精度的内陆盐沼湿地分布数据集尤为重要。

（三）加强内陆盐沼湿地的恢复与评价的研究

内陆盐沼湿地大部分处于半干旱气候类型的农牧交错带与生态脆弱带，荒漠化、盐碱化较为严重，导致湿地面积萎缩，湿地生产力不断下降，生物多样性减少，湿地污染加剧。因此，需要通过科学合理的湿地生态恢复手段对其进行保护和恢复，以恢复其原有的功能和发挥其应有的作用。现有的湿地恢复技术大部分是针对淡水沼泽湿地的恢复，缺少针对内陆盐沼湿地的恢复技术，因此内陆盐沼湿地的恢复技术与方法是研究的热点领域。

目前国际上针对内陆盐沼湿地恢复的效果评价，没有统一的标准与评价方法，因此评价结果相对主观，无法科学地进行对比与评价。因此迫切需要构建内陆盐沼湿地恢复效果评价模型，制定湿地恢复的评价标准，对盐沼湿地恢复评估效果进行有效评估。

（四）内陆盐沼湿地的保护与管理

湿地是地球最重要的生态系统之一（Xie，2013；刘雁，2015；刘吉平，2014），是由水陆相互作用而形成的独特的自然综合体（张敏，2016；Mitsch，2007；刘吉平，2016），具有抵御洪水、调节气候、维护生物多样性和资源利用等生态功能（Mitsch，1994；Lunetta，1999；任春颖，2008；王晓春，2005）。近年来，随着自然因素和人类活动的影响，内陆盐沼湿地面积逐年萎缩，湿地生态系统受到严重威胁（刘吉平，2016；Mitsch，1994）。这一现状已经广泛引起政府和学术界的高度关注，内陆盐沼湿地保护与管理成为研究的热点领域。

第三节　向海国家级自然保护区概况

一、地理位置

向海国家级自然保护区位于吉林省通榆县西北部，科尔沁草原中部，北邻洮南市，西接内蒙古自治区科尔沁右翼中旗，东距通榆县城67km，北离白城市95km。全区南北最长45km，东西最宽42km。地理坐标为北纬44°50′~45°19′，东经122°05′~122°35，幅员1054.67km^2，属内陆湿地和水域生态系统类型自然保护区。

二、自然环境特征

（一）地质地貌特征

向海国家级自然保护区地处内蒙古高原和东北松嫩平原的过渡带，大地构造属松辽凹陷的西部地带沉降带，地势西高东低，海拔高度介于156~192m，地势起伏不大，风积沙丘岗地多呈北西—南东向带状排列，与洼地交错相间分布。但地势较为平缓，起伏相差不大，沙丘一般为缓坡，多数在5°以下，最大在15°左右。在向海地区，嫩江支流霍林河和鄂泰河形成闭合流域，这一地区沉积了大量的河湖相黏质和细砂沉积物，地表水难以下降，地表长期过湿，坡降和缓，排水不畅，形成了大面积的湿地分布区。本区地貌类型可分为保护区内堆积地貌和周边风成地貌两类。

向海国家级自然保护区在地理上处于科尔沁草原的中部，在地质上处于大兴安岭内蒙古褶皱带与松辽平原沉降带的过渡地区，构造沉降出现洼地是向海国家级自然保护区形成的重要条件。地貌以沙化和盐渍化的平原为主要特征。地势由西向东倾斜。

（二）气候特征

本区地处温带大陆性季风气候半干旱地区。该区气候总体特征为四季分明，雨热同期，光照、温度及降水受季节影响明显；春季干旱多风沙，夏季高温多雨，秋季温暖多晴天，冬季严寒少雪。本区无霜期140天左右。气候的干燥度一般大于1.5，多数在3以上。气温日较差、年较差均大。年平均气温5.1℃，1月平均温度-16℃，7月平均气温24℃，极端最低气温-34.1℃，极端最高气温38.9℃，≥10℃积温3011.7℃·d。本区多年平均降水量为390.6mm，年际变化较大，年内降水分配不均匀，多集中在7~8月，多年月平均降水量的最小值和最大值分别出现在1月和7月。多年蒸发量1946mm，远高于降水量，其年际波动也很大，多年月平均值的最小值和最大值分别出现在1月和5月。相对湿度年平均58%，7~8月平均相对湿度多数>70%，3~5月平均相对湿度多数<45%。本区全年盛行西南风，风速一般5~6级，多年平均风速为4.0m/s，最大风速可达19.5m/s，而且大风日数多在20天以上。

（三）水文条件

大气降水是向海湿地水分主要来源之一。降水一部分形成地表径流汇集于洼地，一部分经沙质土壤形成地下水补给洼地。向海国家级自然保护区内有霍林河和额木特河，它们为嫩江支流，由于蒸发渗漏，在区内无固定河道，只有在雨季水量丰富，形成季节性河流。本区总水面面积为12441hm^2，沼泽面积为23654hm^2，区内南部有霍林河贯穿东西，中部有额木特河形成的草原沼泽，北部有洮儿河引水灌溉，三大水系在向海区域内形成大都泡、付老泡等22个大型沼泡。由于蒸发、渗透，在区域内无明显河床，只有在雨季时形成季节性湿地，居中的大香海泡与二场泡于1971年建坝，并入引洮（洮儿河）灌溉系统，称为向海水库。向海水库与黄鱼泡、大肚泡、兴隆水库等相通。向海水库无污染，pH 值为 7.6，浅水湖地域水草肥美，水温高，正常蓄水湖面 6650hm^2，最大湖水面 7100hm^2。向海水库与相邻各泡及兴隆水库相通，平均水深 4m，最深处可达 16m，区域内地下水资源也很丰富，水质较好。

（四）土壤

本区内土壤深受第四纪影响，典型土壤为黑钙土、淡黑钙土、栗钙土、草甸土、盐渍土、风沙土和沼泽土。土壤厚度一般在 0.5~1.0m，土壤中腐殖质含量较少，含盐碱量较高。pH 值为 7.5~8.5。

黑钙土主要分布在波状台地和低平原，与栗钙土带过渡明显，呈突变式变化。土壤表层有深厚的暗腐殖质层，且腐殖质含量在 1.5%~2.5%；表层土壤碳酸盐常被淋洗而积聚在心土或底土层中，心土层常见石灰假菌丝体或粉状石灰结核。表土层含盐量<0.1%，碱化度<5%，呈弱碱性反应。

淡黑钙土主要分布在岗地和低平原，常与盐渍土和风沙土相间分布。土质以黄土性堆积物和较粗的风积物为主，并有沙质、黏质和壤质的区别，剖面呈石灰反应，土壤有机质含量低于黑钙土。

栗钙土主要分布在河谷阶地上，面积较小，是山地向平原过渡地带的土壤类型。成土母质为残积物、冲积物和黄土。成土过程包含腐殖质积累过程和钙化过程。土壤剖面中暗腐殖质层比黑钙土薄，但腐殖质含量较高在 2.5%~3.5%，钙积层位于 20~50cm，通体呈石灰反应，表土层含盐量<0.1%，无碱化层。

草甸土主要分布在河谷地、丘间洼地等地势低平地带，与黑钙土、栗钙土和风沙土呈条带状、网状相间分布，其内部也有盐碱土的零星分布。成土母质为冲洪积物，成土过程包含沉积、腐殖质积累和氧化还原等过程。土壤养分、水分都较丰富，土壤剖面暗腐殖质层较厚为 20~50cm，腐殖质含量为 2.5%左右，有机质含量为 4%~6%，土层中含有铁结核，有潜育化现象，呈黄棕色。通体具有石灰反应，呈弱碱性—碱性。表层可溶性盐含量在 0.1%~0.5%，碱化度为 5%~40%。

盐渍土主要分布在闭流区的河湖漫滩地、沙丘沙垄及丘间洼地，与黑钙土和栗钙土相邻分布，与草甸土和沼泽土呈复区分布。成土母质为碳酸盐冲洪积物、黄土及风积物，质地以中壤为主。表层盐分淋溶过程较强，多形成苏打型盐渍土。盐基饱和度高，呈碱性反应，表层可溶盐含量可达 0.7%以上。

风沙土主要分布在冲积、风积平原及江河两岸、古河道和滨湖地带，多形成起伏的沙丘和岗地。成土母质为全新世沙质冲积、风积物，以细沙为主，质地均匀，黏粒含量低。成土过程的生物作用较弱，母质、气候作用占主导地位。土壤发育程度不成熟，无完整的土壤剖面结构，一般仅具有腐殖质层和母质层，缺乏明显的淀积层，母质层较厚，1m 内土体呈石灰反应，土壤有机质含量低。

沼泽土主要分布在河流两岸低洼地、丘间洼地。成土母质为冲洪积物、湖积物、石灰性黄土状沉积物等。该区沼泽土为矿质土，成土过程具有腐殖质化和潜育化过程，土壤通体无石灰反应，含盐量<0. 1%，其植被以芦苇群落为主。由于流域中下游地带地势低平，下游无明显河道，平原内低洼地带形成大量的泡沼，零星发育了许多沼泽。

（五）植物

按中国植物分区，该区属于泛北极植物区—欧亚草原植物亚区—蒙古草原地区—东北平原亚地区。植物以中温带半湿润草甸植被为主，形成了非常壮观的草甸草原景观。有野生植物 600 多种，其中药用植物 76 科 256 属 263 种，尤其是以蒙古黄榆为主的沙丘黄榆天然林，林相丰富，错落有致，是我国目前半干旱地区唯一集中成片、生长较好的黄榆天然林群落。此外，还有春榆家榆和叶杨等近 20 种乔木树种。

保护区大片的芦苇群落以芦苇和东方香蒲为主。苔草沼泽以苔草、灯芯草、花蔺和水葱等为主。湿草地和草原以羊草、拂子茅、狗尾草、甘草、葱、羊茅、蒿、苦莱、乌头、藜、地肤和碱茅植物为主。沙丘和田埂上自然林地的残余植物以大果榆、榆和桑为优势种，此外还有红柳、杏、蒿、槐和甘草属的一些种类。水域中，浮生植物有莲、眼子菜、狐尾藻等，植被覆盖率为 70%。保护区沙漠边缘的自然灌丛和树林中的孑遗植物具有相当重要的植物学意义。

（六）动物

向海国家级自然保护区已记录到 17 目 53 科 132 属 286 种鸟。包括 6 种鹤，其中丹顶鹤、白枕鹤和蓑羽鹤是繁殖鸟，白鹤、灰鹤和白头鹤在迁徙时把该地作为驿站。其他繁殖鸟类包括大鸨；东方白鹳、鸿雁、灰雁；大群的大白鹭、草鹭和苍鹭等；大量的黑翅长脚鹬、反嘴鹬、普通燕鸻、灰头麦鸡；白腰杓鹬、红嘴鸥、银鸥、须浮鸥和白翅浮鸥。其中，属国家一级保护动物的有丹顶鹤、白鹤、白头鹤、白鹳、黑鹳、大鸨、金雕、白尾海雕、虎头海雕、白肩雕 10 种。二级保护动物有白枕鹤、灰鹤、蓑羽鹤、大天鹅、鸳鸯以及燕隼、灰背隼、红脚隼、黄爪隼、红隼、黄羊、秃鹫等 42 种。

向海国家级自然保护区内因景色开阔、人烟稀少，村屯分散，水草茂密，野生动物资源丰富。湖泊、水库内有 3 目 7 科近 27 种鱼。两栖、爬行动物有蜥蜴、蝮蛇等 3 目 6 科 13 种。兽类有狼、狍、蒙古兔等 6 目 13 科 35 种。

三、社会经济概况

向海国家级自然保护区土地总面积 $10.5467\times10^4hm^2$，全区包括向海乡，四井子镇的四家子、大房等村，兴隆山镇的东风、粮丰、兴盛、长发等村，乌兰花镇的双龙、林水等村以及同发畜牧场的利民分场大部；共跨 5 个乡（镇场），12 个村，32 个自然屯。保护区建立之初，约有居民 1880 户 8300 人，人口密度约 7.87 人/km^2。区内除保护区管理局外，还有向海水库管理处、向海苇场、向海联营造纸林场、向海森警大队等单位。随着社会的不断发展和旅游业的开发，人口增长速度较快，目前，现有居民已达 4000 余户，人口 1.5×10^4多人，其中蒙古族人口占 29.1%，人口密度已达 14.2 人/km^2，是保护区初建时的近 1 倍。生产以农、渔、牧及副业为主，其中农业种植面积 $1.2\times10^4hm^2$，粮豆年总产量 2.5×10^4t，年收入 1.25 亿元；渔业养殖水面 $1.24\times10^4hm^2$，年产鱼 100×10^4kg，收入 400×10^4元；牧业以牛羊为主，年收入 140×10^4元；林业收入 14×10^4元；每年收获芦苇约 1×10^4t，收入（200～300）$\times10^4$元。由于保护区的建立，旅游业的开发，景点的建设完善，每年的流动人口也不断上升，据资料记载，1992～1998 年平均每年增长 22.39%，年达 9.36×10^4人次，近几年已突破 10×10^4人次。随着旅游人数的不断增长，旅游业的配套设施也逐步完善，宾馆、饭店、旅社、度假村、商店以及外地驻向海办事处等也纷纷建立，将会提供较多的就业机会与经济收入（崔凤午、赵福山，2016）。

向海国家级自然保护区现有草原面积 $3.0396\times10^4hm^2$，按每个羊单位需草场 7 亩计算，载畜量只有 6.5134×10^4只，目前大小牲畜已达近 20×10^4头（匹只），按羊单位折算后，草原载畜量超载 16 倍，已完全超负荷运转。向海对外交通主要靠通榆和白城两条公路，距通榆县城 67km，据白城 95km，据长春市 320km，交通通信条件较好。

吉林向海国家级自然保护区管理局的中心地理坐标为 122°20′E，45°02′N，行政上隶属于通榆县，坐落在向海乡所在地向海屯，作为吉林省林业厅直属事业单位，是自然保护区的专门管理机构，负责保护区的管理工作。保护区管理局现设有办公室、计划科研处、资源处、公安分局、旅游公司及基层站所等。不仅坚持对保护区的巡护和生态观察，禁止非法捕猎，而且开展了野生动物的饲养和驯化、鸟类环志等科研项目，同时接待了大批的国内外来保护区考查人员，对湿地及生态系统保护做出了贡献。

向海国家级自然保护区自创建以来组织科研人员深入开展了科研活动，对保护区内的动植物进行了初步调查，开展了湿地生态监测，濒危伤病鸟类的救治，丹顶鹤的半散养繁殖等方面的研究活动，有些活动填补了空白，有的研究已经达到国际先进水平。向海国家级自然保护区拥有丰富的野生动植物资源，是多样性的物种基因库，是天然的博物馆，是动物学、植物学、生态学等方面的专家、学者从事科学研究的胜地。同时，科学研究是向海国家级自然保护区开展保护管理工作的一项基础工作。自创建以来先后对鹤类、东方白鹳、大鸨等进行人工驯养和繁殖与生态研究，积累了一些第一手的珍贵资料。自创建以来先后与瑞典、德国等国家开展了合作项目。但受人才、设备等制约，科研水平还比较低。为了加强向海国家级自然保护区的科研能力，向海管理局正在改善科研基础设施落后状况，提高科研水平，培养和引进专业人才，革新科研管理体制（崔凤午、赵福山，2016）。

四、历史沿革及保护区区划

（一）历史沿革

向海保护区建于1981年3月，经吉林省人民政府（吉政函第27号文）批准建立，为白城专署直属林业单位，是以保护丹顶鹤等珍稀水禽和蒙古黄榆等稀有之物群落为主要目的的内陆湿地与水域生态系统类型的自然保护区。

1986年7月，国务院（第75号文）批准为“国家级森林和野生动物类型自然保护区”。

1988年8月18日，根据吉林省林业厅〔1988〕50号文《关于统一国家级自然保护区名称的通知》要求，“向海自然保护区”更名为“吉林向海国家级自然保护区”，“向海自然保护区管理处”改为“吉林向海国家级自然保护区管理处”。

1992年3月1日加入《湿地公约》，被列入《关于特别是作为水禽栖息地的国际重要湿地公约》中“国际重要湿地名录”，同年被世界野生生物基金会（WWF）评审为“具有国际意义的A级自然保护区”。

1993年5月，被中国人与生物圈委员会批准加入“中国生物圈保护区网络”。

1999年10月，由国家林业局调查规划设计院和向海管理局合作编制完成《吉林向海国家级自然保护区总体规划（2000~2015年）》，确定了向海国家级自然保护区为内陆湿地和水域生态系统类型自然保护区，是湿地生物物种的遗传基因库，并使向海国家级自然保护区朝着健康有序，文明进步的方向发展。

1999年11月30日，吉林省人民政府召开专题会议，将向海国家级自然保护区管理体制调整为省林业部门和通榆县双重管理，以省林业部门为主，整体上划归省林业厅管理，作为省林业厅直属事业单位。管理体制的调整，理顺了国家对向海国家级自然保护区的建设投资渠道，加大了对向海国家级自然保护区自然保护事业发展的扶持力度。

2012年，被中国动物园协会确定为丹顶鹤管理种群繁育基地。当年，被中华环保联合会和中国旅游景区协会确定为“全国低碳旅游示范区”共建单位、中国旅游景区协会理事单位。

2013年12月26日，中国野生动物保护协会召开的“2013年中国野生动物之乡和全国野生动物保护科普教育基地专家评审会”上，通榆县申报的“中国丹顶鹤之乡”通过专家评审，并通过了其官方网站的公示（2014年1月9~15日）。2014年，向海所处的通榆县被国家野生动物保护协会授予“中国丹顶鹤之乡”荣誉称号。

2015年，被省旅游局，省环保厅评为“吉林省省级生态旅游示范区”。

（二）保护区功能划分

向海国家级自然保护区是以保护丹顶鹤等珍稀鸟类和蒙古黄榆等稀有植物为主要目的的自然保护区，是鸟类迁徙的通道。全区南北最长45km，东西最宽42km。总土地面积$10.5467\times10^4hm^2$（其中霍林河流域内$56206hm^2$，流域外$49261hm^2$）。保护区区划示意图如图1-1所示。

根据保护对象的时空分布特点以及区内和区外相关区位经济需求，针对以鹤类、白鹳、大鸨和蒙古黄榆为重点的主要保护物种，分别划定了核心区、缓冲区和实验区。

1. 核心区

核心区是受保护的特殊稀有物种（丹顶鹤、东方白鹳、大鸨和黄榆等）的主要栖息地和生境，具有代表性的自然生态系统地段。在核心区内，应禁止科学观测以外的一切人为活动，其全部土地（包括林地）、林木、草原、野生动植物、水域等自然环境和自然资源归属向海国家级自然保护区管理局依法统一管理。向海国家级自然保护区核心区总面积$31190hm^2$，占保护区总面积的29.6%，该区由四个部分组成：

鹤类核心区：在保护区西南部的长龙和二百方子，面积为$18920hm^2$，占保护区总面积的17.9%。主要为芦苇沼泽，是鹤类栖息繁殖的主要地带，也是其他水禽栖息集中繁殖地。

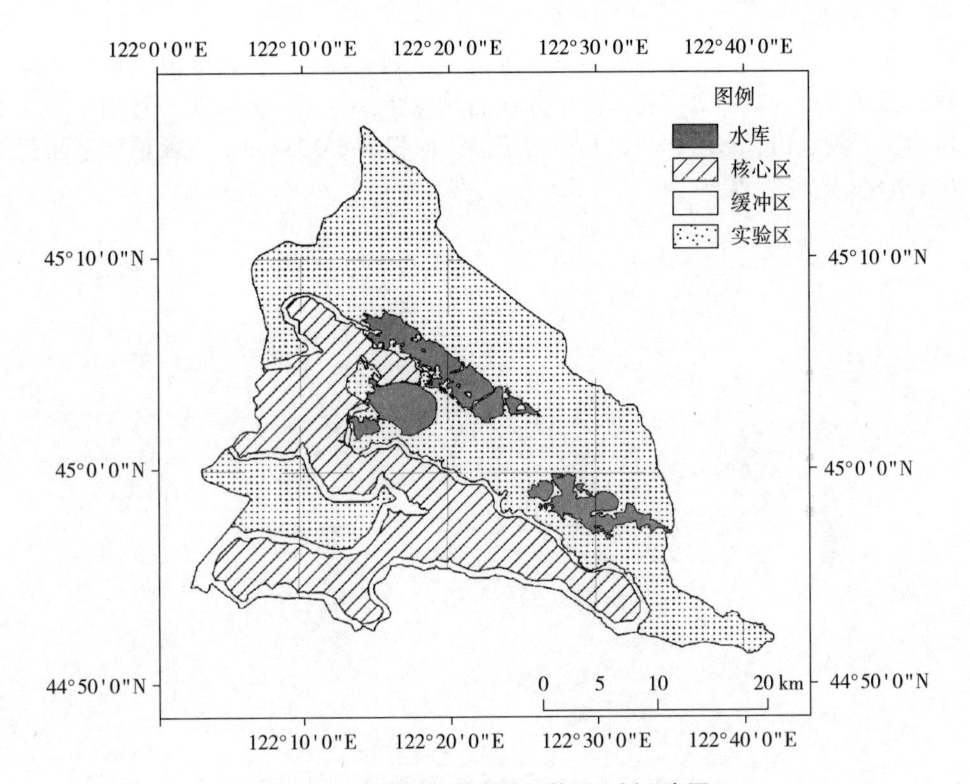

图 1-1 向海国家级自然保护区区划示意图

东方白鹳核心区：位于向海水库北部，该处主要为沙丘榆林，春夏之间各类植物生长茂盛，为鸟类的栖息繁殖提供了良好的环境，面积为 3447hm^2。占保护区总面积的 3.3%。

大鸨核心区：位于保护区西部，沙丘榆林灌丛和芦苇沼泽相间，是大鸨的重要栖息繁殖地，面积为 6327hm^2。占总面积的 6%。

黄榆核心区：在向海水库西南，面积为 2496hm^2，占保护区总面积的 2.4%，该区主要为蒙古黄榆的天然林，对防风固土、美化环境、保护野生动物有着重要的意义。

2. 缓冲区

为防止和减少核心区受到外界的影响和干扰，在核心区周围划出部分区域作为缓冲区。该区的野生动植物、沼泽湿地、草甸等归属向海国家级自然保护区管理局依法统一管理。缓冲区是沿核心区外围分布 500~800m，总面积为 11144hm^2，占保护区面积的 10.6%。

3. 实验区

保护区边界以内、缓冲区界限以外的地带划为实验区，该区内的野生动植物、沼泽湿地、草甸等归属向海国家级自然保护区管理局依法统一管理。实验区内主要为农田、水域、草原和芦苇沼泽，面积为63133hm^2，占保护区总面积的59.8%。

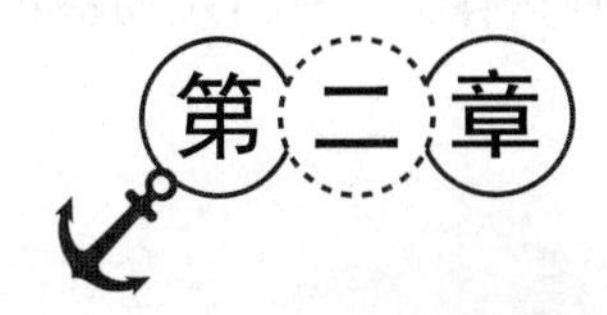

沼泽湿地景观格局动态变化

景观格局变化是指景观的结构随时间所表现出的动态特征，从研究尺度来说，包括景观尺度、类型尺度和斑块尺度上的景观格局变化。本章从类型尺度上研究向海国家级自然保护区沼泽湿地景观格局动态变化特征，从斑块尺度上研究向海国家级自然保护区及其周边地区沼泽湿地斑块稳定性的时空变化特征，并分析其驱动机制。

第一节 向海国家级自然保护区沼泽湿地景观格局动态变化

景观空间格局是景观组分的空间分布和组合特征，其变化和发展是自然、生物和社会要素相互作用的结果，它能够更好地反映出湿地空间格局的变化（Lunetta，1999）。目前，景观生态研究已经由侧重空间格局的度量转向对格局与过程的相互作用的研究（任春颖，2008；王晓春，2005）。国内外相关研究普遍采用数量分析方法（崔丽娟，2002；Hill，1987；冯耀宗，2002；邬建国，2007），主要通过比较不同年份的区域景观格局指数变化来揭示湿地景观格局的变化过程及其时空规律（Gobattoni，2013；赵峰，2012；龚俊杰，2014）。一些学者对于沼泽湿地景观格局变化的研究基本上采用3~5期遥感数据，时间间隔5~10年（罗格平，2006；王玲玲，2005；王茜，2005）。沼泽湿地景观类型受气候、水文等因素的影响较大，尤其在特大降水和洪水发生后，在较短时间内对沼泽湿地格局产生显著影响。由于研究时间间隔过长，难以揭示短时期内沼泽湿地格局的变化过程（王雪梅，2010）。且受人类活动干扰强度的不同，保护区各功能分区受到的影响程度也不同，应对研究区各功能分区景观格局动态演变过程加以区分（刘延国，2012；张洪云，2016；侯瑞萍，2015）。

本书以吉林省西部向海国家级自然保护区为研究对象，以两年为时间间隔，应用地理信息系统、遥感技术，从类型尺度上对向海国家级自然保护区及其各功能分区沼泽湿地景观空间格局变化进行研究，为该地区保护珍稀野生动植物资源及湿地生态环境开发与修复提供理论支持。

一、数据来源与处理

向海沼泽湿地景观类型图数据源的时间范围是 1990~2016 年，每两年一期数据，不同时期数据源的获取方式有所不同：1990~2012 年的数据源来自于 Landsat TM 遥感数据，2013~2016 年的数据源来自于 Landsat OLI，其空间分辨率都为 30m，每期遥感影像的时间为每年的 7 月、8 月。对于 14 期遥感影像的具体处理步骤如下：①利用 ENVI 5.1 软件，在 ENVI Classic 界面对 Landsat TM 和 Landsat OLI 遥感数据分别进行 4、3、2 波段和 5 波段、4 波段、3 波段标准假彩色合成，并在 ENVI5.1 中对合成影像进行图像增强、融合处理；②利用 1∶10 万地形图对遥感影像进行几何纠正；③对处理后的 14 期影像建立图像解译标志，进行人工目视解译，在遥感影像上提取沼泽湿地。采用抽样统计精度验证法，在野外设立验证点，并结合高分辨率遥感影像对解译结果进行检验，最终解译精度达到 90%以上，符合本书的研究需要。

二、研究方法

景观指数能够高度而又准确地反映景观格局的相关信息，是反映其空间配置和结构组成特征的定量指标，可以定量地描述和监测景观结构特征随着时间推移的变化过程（邬建国，2007；白军红，2005；刘红玉，2003；范强，2014）。该书采用景观格局指数比较法，在类型尺度上进行景观指数的计算，以描述研究区的湿地景观格局特征（邓伟，2012；宫兆宁，2011；Bai，2013；荣子容，2013）。结合研究区的实际情况，分析的景观指数主要包括斑块类型所占景观面积比例（PLAND）、斑块密度（PD）、最大斑块指数（LPL）、分维数（FRACT）、斑块形状指数（SHAPE）和连接度（CONNECT）。各景观指数模型的计算公式见文献（邬建国，2007）。并利用动态度、标准差椭圆，研究 1990~2016 年沼泽湿地的空间格局变化特征。

三、结果与分析

（一）1990~2016 年向海国家级自然保护区沼泽湿地格局动态演变

1. 1990~2016 年向海国家级自然保护区沼泽湿地面积变化

利用 ArcGIS10.2 软件，统计向海国家级自然保护区 1990~2016 年 14 期的沼泽湿地面积（见表 2-1）。

表 2-1　1990~2016 年向海国家级自然保护区沼泽湿地面积及动态度

年份	面积（hm^2）	动态度（%）	年份	面积（hm^2）	动态度（%）
1990	21197.59	—	2004	21191.49	17.25
1992	20417.01	-1.84	2006	19075.39	-5.00
1994	12501.45	-19.38	2008	18117.96	-2.51
1996	16276.28	15.10	2010	30098.01	33.06
1998	16648.28	1.14	2012	28945.44	-1.91
2000	22966.09	18.97	2014	32357.42	5.89
2002	15754.88	-15.70	2016	21182.34	-17.27

由表 2-1 可以看出，1990~2016 年沼泽湿地面积总体呈先下降后上升的“V”字形变化趋势；1994 年沼泽湿地面积最小，为 12501.45hm^2；2014 年沼泽湿地面积最大，为 32357.42hm^2。其中 2010 年湿地面积增加最多，动态度为 33.06%；1994 年湿地面积丧失最快，动态度为-19.38%。

2. 1990~2016 年向海国家级自然保护区沼泽湿地空间格局变化

利用 ArcGIS10.2 技术，得到各时期向海沼泽湿地分布图（见图 2-1）及沼泽湿地斑块面积质心变化图（见图 2-2），分析 1990~2016 年研究区沼泽湿地的空间格局变化特征。

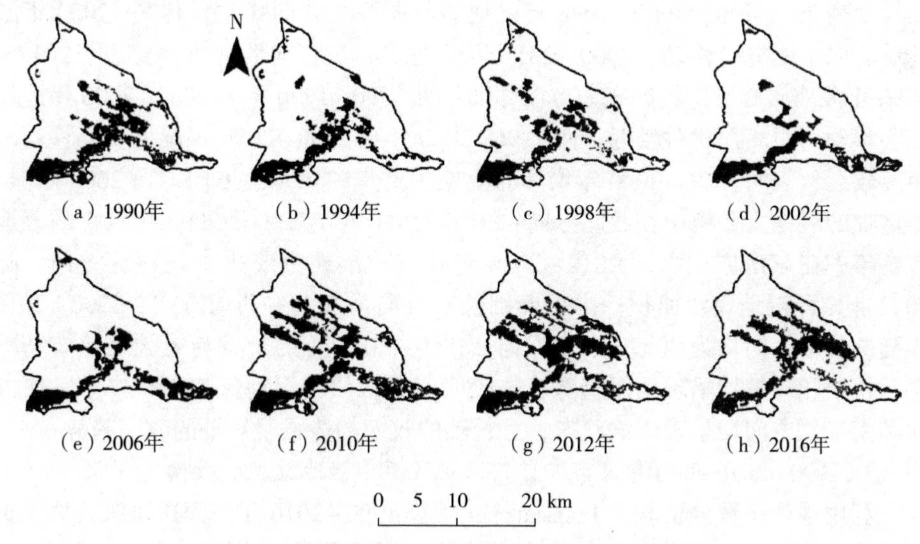

图 2-1　研究区 1990~2016 年沼泽湿地的空间变化

由图 2-1 可知，从整体来看，1990~2016 年向海国家级自然保护区沼泽湿地主要分布在研究区中部和南部，北部相对较少。从保护区各功能分区来看，1990~2016 年沼泽湿地主要分布在保护区内的核心区与实验区，且沼泽湿地在实验区的分布变化较大。这主要与近几年向海地区实施的“生态移民”政策有直接联系。

利用 ArcGIS10.2 技术，得到各时期向海沼泽湿地斑块面积质心与标准差椭圆（见表 2-2），分析 1990~2016 年研究区沼泽湿地的空间格局变化特征。

表 2-2　1990~2016 年向海国家级自然保护区沼泽湿地质心与标准差椭圆

年份	质心经度（°）	质心纬度（°）	长轴长度（m）	短轴长度（m）	椭圆倾角（°）
1990	122.3189E	44.9712N	9791.16	6099.07	122.3080
1994	122.2856E	44.9769N	11944.72	9507.72	70.8249
1998	122.2811E	44.9862N	14616.92	11532.03	81.7260
2002	122.3185E	44.9571N	16427.12	8799.16	105.8640
2006	122.3483E	44.9602N	18279.91	9916.21	106.2903
2010	122.3259E	44.9994N	15895.38	12109.19	106.2914
2012	122.3286E	45.0034N	14823.70	10131.34	82.3846
2016	122.3330E	45.0063N	14761.40	8903.39	76.3679

由表 2-2 可知，1990~1996 年湿地质心向西北方向移动；1996~2000 年湿地质心向东南方向移动；2000~2012 年湿地质心一直向西北方向移动；2012~2016 年湿地质心又回转向东南方向移动，且 1990~1996 年与 2000~2008 年湿地质心移动的距离都相对较近，而 1996~2000 年与 2008~2016 年湿地质心移动的距离较远。表明 1996~2000 年增加的湿地主要集中在东南方向，而 2008~2012 年增加的湿地主要集中在西北方向；1990~1996 年与 2000~2008 年减少的湿地主要集中在东南方向，而 2012~2016 年减少的湿地主要集中在西北方向。除 2012 年沼泽湿地斑块面积标准差椭圆长轴方向为东北—西南方向，1990~2016 年椭圆长轴方向均为西北—东南方向；1990~2016 年的长轴与短轴之比波动减小，长轴和短轴均呈现缩短趋势，这表明研究区沼泽湿地斑块面积在东—西方向和南—北方向均呈现收缩状态，且长轴的收缩趋势强于短轴的收缩趋势。

3. 1990~2016 年向海国家级自然保护区沼泽湿地景观指数动态变化

利用景观指数分析软件 Fragstats3.4 计算 1990~2016 年向海国家级自然保护区湿地景观指数（见图 2-2），分析向海沼泽湿地景观指数的时间变化规律。

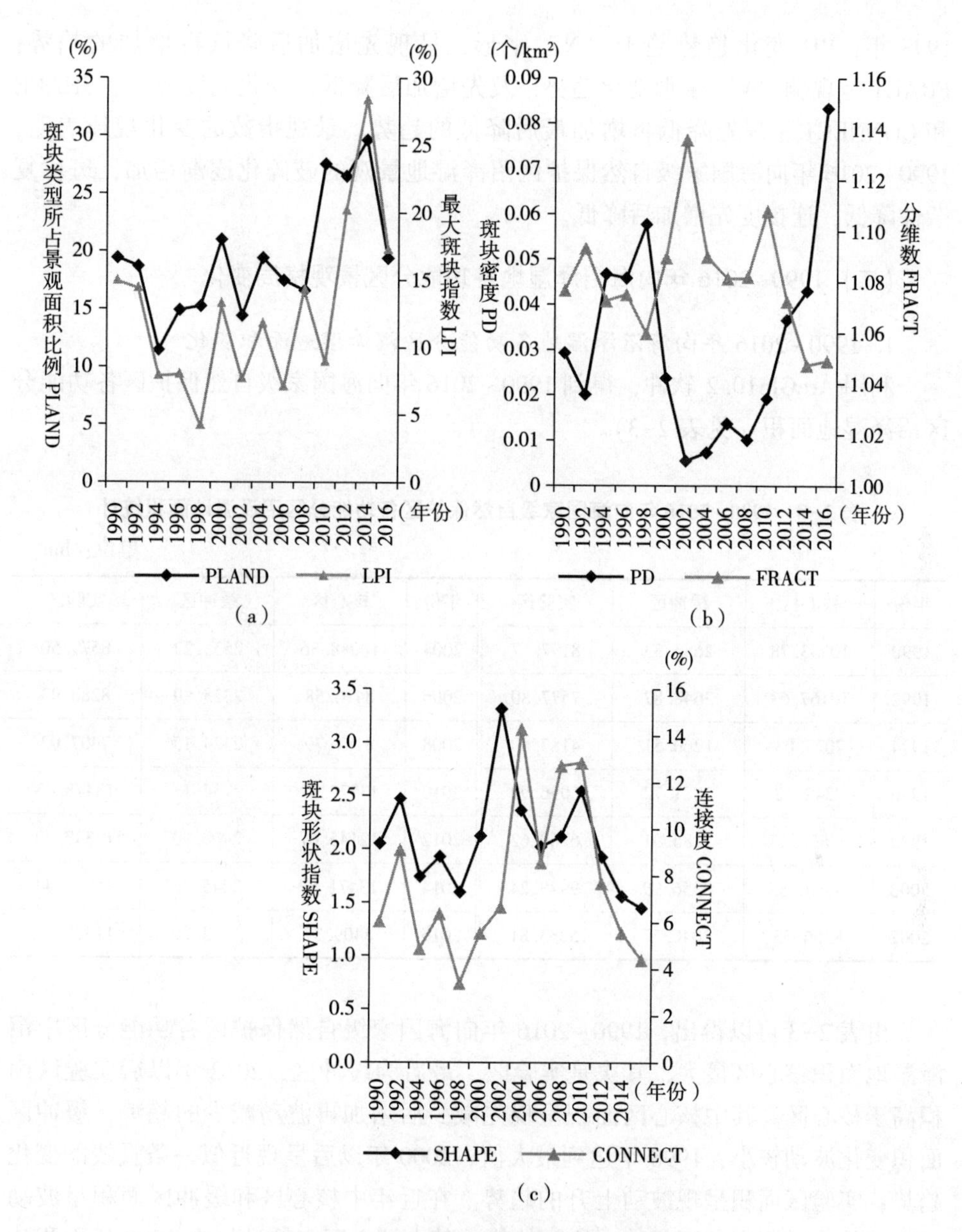

图 2-2 向海沼泽湿地景观指数变化情况

由图 2-2 可以看出，1990~2016 年向海沼泽湿地景观的 PLAND，LPI 变化趋势趋于一致，即表现为先降低后波动增加再降低的趋势，PLAND 与 LPI 的最大值都出现在 2014 年，而 PLAND 最小值出现在 1994 年，LPI 最小值出现在

1998 年；PD 变化趋势趋于“N”字形，呈现先增加后降低再增加的趋势；FRACT 呈现倒“V”字形变化趋势，及先增加后降低，变化幅度较小；SHAPE 和 CONNECT 呈现先降低再增加最后降低的趋势。景观指数的变化规律表明，1990~2016 年向海国家级自然保护区沼泽湿地景观的破碎化逐渐增加，斑块复杂性降低，连接度先增加后降低。

（二）1990~2016 年向海沼泽湿地各功能分区景观格局变化

1. 1990~2016 年向海沼泽湿地各功能分区沼泽湿地面积变化

利用 ArcGIS10.2 软件，得到 1990~2016 年向海国家级自然保护区各功能分区沼泽湿地面积（见表 2-3）。

表 2-3　1990~2016 年向海国家级自然保护区各功能分区沼泽湿地面积统计

单位：hm^2

年份	核心区	缓冲区	实验区	年份	核心区	缓冲区	实验区
1990	10353.78	2655.33	8197.17	2004	10088.36	2535.22	8579.50
1992	10167.63	2648.87	7577.80	2006	8416.58	2325.99	8288.93
1994	7027.03	1260.51	4187.80	2008	8184.79	2424.15	7407.02
1996	8342.12	1881.72	6096.90	2010	13777.82	2734.11	13478.43
1998	22528.28	7185.91	6160.62	2012	12145.67	2400.90	14337.40
2000	10670.85	2356.99	9948.24	2014	13471.57	3045.36	15930.44
2002	8356.53	2040.57	5283.81	2016	8409.37	1383.20	11388.35

由表 2-3 可以得出，1990~2016 年向海国家级自然保护区各功能分区中沼泽湿地面积核心区最大，其次是实验区，最后为缓冲区，2012 年以后实验区面积高于核心区。其中核心区面积呈现先减少后增加再波动减少的趋势；缓冲区面积变化波动较小，1998 年达到最大值，2000 年以后呈现近似一条直线的变化趋势；实验区面积呈现波动上升的趋势。在近年中核心区和缓冲区面积呈波动减少的趋势，而实验区呈波动增加趋势；其中核心区和缓冲区在 1998 年面积达到最大值，实验区湿地面积达到最大值出现在 2014 年；而三者湿地面积最小值趋于一致，均出现在 1994 年。

2. 1990~2016 年向海沼泽湿地各功能分区景观指数动态变化

利用景观指数分析软件 Fragstats3.4，计算 1990~2016 年向海国家级自然保护区各功能分区沼泽湿地景观指数，分析向海沼泽湿地各功能分区景观指数的时间变化规律（见图 2-3）。

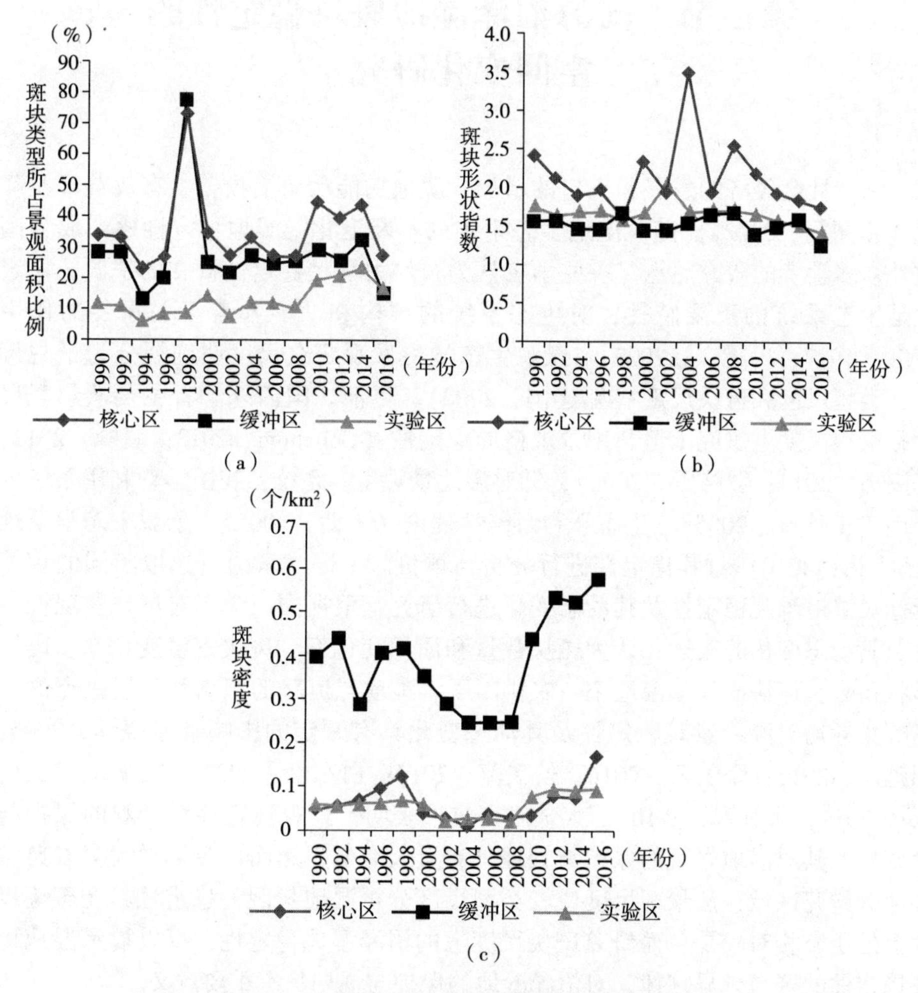

图 2-3 向海自然保护功能分区景观指数变化情况

由图 2-3 可以看出，1990~2016 年向海国家级自然保护区斑块类型所占景观面积比例中核心区总体上最高，其次是缓冲区，最后为实验区。说明核心区范围内沼泽湿地占研究区面积比例最高；保护区内斑块密度缓冲区明显高于实验区和核心区，说明缓冲区斑块破碎度高，破碎化程度有增强的趋势；保护区内斑块形状指数核心区高于缓冲区和实验区，且缓冲区和实验区变化幅度较小，在一定程度上反映出核心区斑块复杂性高于缓冲区和实验区。

第二节 向海沼泽湿地斑块稳定性的空间变化研究

随着社会经济的发展和人口的增加，湿地功能严重受损，生态效益日益降低（崔丽娟，2002）。随着湿地生态系统的不断退化，湿地稳定性逐渐成为国内外众多学者的研究热点。一些学者认为，热力学是稳定性概念的来源，稳定性是生态系统的重要特性，对生态系统的结构和功能起着至关重要的作用（Hill，1987；冯耀宗，2002）。景观生态学将景观研究尺度明确划分为景观尺度、类型尺度和斑块尺度（邬建国，2007）。目前，国内外学者主要从景观尺度和类型尺度上研究土地利用景观格局稳定性（Gobattoni，2013；赵峰，2012；龚俊杰，2014；罗格平，2006），针对湿地景观生态系统，我国学者利用系统稳定性（王玲玲，2005）、生态学和系统学理论（王茜，2005）、景观生态学原理（王雪梅，2010）对其稳定性进行分析与评价。不同学者通过选取不同的相关指标对湿地景观稳定性及其动态变化进行研究，根据国内学者对湿地景观稳定性及其动态变化的表述，认为斑块数量和面积变化率、斑块密度变化率、斑块形状指数、斑块面积、湿地率、农耕因子、湿地与道路的距离和与居民点的距离等指标均对湿地景观稳定性及其动态变化具有一定的影响（王晓春，2005；刘延国，2012；张洪云，2016；侯瑞萍，2015；白军红，2008；赵海迪，2014；Cui，2014；张有智，2010）。大量研究成果表明，景观稳定性对景观的保护与管理，尤其对湿地景观的保护与管理具有重大意义。然而许多学者大多以典型湿地为研究区域，从景观尺度或者类型尺度分析湿地景观的稳定性，在斑块尺度上的研究相对较少，而研究斑块尺度上的沼泽湿地稳定性，可以揭示湿地斑块稳定性的区域分异规律，对沼泽湿地的保护与规划具有重要意义。

本节以向海国家级自然保护区以及周边地区（向海国家级自然保护区向外缓冲20km）为研究区域，通过选取影响沼泽湿地斑块稳定性的相关指标，构建湿地斑块稳定性指数模型，集成RS、GIS技术，从斑块尺度上分析1985~2015年向海国家级自然保护区以及周边地区的沼泽湿地斑块稳定性，研究区域内沼泽湿地斑块稳定性的分异规律以及空间分布格局，旨在揭示研究区沼泽湿地斑块稳定性时空变化规律，从而为向海国家级自然保护区沼泽湿地保护与管理提供理论依据以及合理性建议。

一、数据来源与处理

利用 SPSS 软件，对 1985~2015 年 16 个时期（时间间隔为两年）的研究区沼泽湿地面积的时间序列进行分析，结果为：

$$Y = 158.9 + 3.81t \tag{2-1}$$

式中，Y 为沼泽湿地面积（km^2）；t 为时间（年）。

检验结果显示，方程在 0.014 水平上显著，并通过了 F 检验（F=7.912）。总体来看，1985~2015 年研究区沼泽湿地面积具有逐渐增加的趋势。因此，选取 1985 年和 2015 年对向海国家级自然保护区及其周边地区的沼泽湿地斑块稳定性进行分析。

因此，采用研究区 1985 年和 2015 年两期的土地利用数据，主要通过解译 1985 年 8 月 21 日和 2015 年 7 月 7 日的 TM 遥感影像获得，天气晴朗无云。两期的遥感影像均由美国地质调查局提供（http://glovis.usgs.gov/），遥感影像数据的空间分辨率均为 30m。对于两期遥感影像的具体处理步骤如下：①利用 ENVI 5.1 软件，在 ENVI Classic 界面对两期影像的 5 波段、4 波段、3 波段进行合成，在 ENVI 5.1 中对合成影像进行图像增强、融合处理；②利用 1∶10 万地形图对遥感影像进行几何纠正；③对处理后的两期影像建立图像解译标志，进行目视解译，在遥感影像上提取耕地、沼泽湿地、居民用地以及主要交通干线，其中沼泽湿地最小斑块面积为 0.01km^2。采用抽样统计精度验证法，在野外设立验证点，并结合高分辨率遥感影像对解译结果进行检验，最终解译精度达到 91.9%以上，可以满足本书的研究需要。

二、模型的构建

以研究区中的沼泽湿地作为研究对象，参考相关文献（王晓春，2005；刘延国，2012；张洪云，2016；侯瑞萍，2015；白军红，2008；赵海迪，2014；Cui，2014；张有智，2010），并结合研究区现状，选取六个影响湿地斑块稳定性的相关指标，分别为湿地斑块面积指标、斑块形状指数、每个湿地斑块向外扩展 5000 的湿地率（每个湿地斑块缓冲区内湿地面积与缓冲区面积之比）、与最近居民点的距离（每个湿地斑块中心点到最近居民点的距离）、与最近道路的距离（每个湿地斑块中心点到最近道路的距离）、每个湿地斑块向外扩展 5000m 的农田率（每个湿地斑块缓冲区内农田面积与缓冲区面积之比）。

为了定量分析各驱动因子对研究区沼泽湿地稳定性的影响，采用专家打分的方法，通过考虑它们对沼泽湿地的空间分布、结构和功能等影响，确定以上六个相关指标对研究区沼泽湿地稳定性的影响程度，从而计算出斑块面积指数、斑块形状指数、每个斑块向外扩展 5000 的湿地率、与最近居民点的距离指数、与最近道路的距离指数、每个斑块向外扩展 5000 的农田率对沼泽湿地斑块稳定性的影响程度依次为 0. 3、0. 3、0. 4、0. 3、0. 2 和 0. 5。因此，在湿地斑块稳定性模型的公式中六个指标的系数分别为 0. 3、0. 3、0. 4、0. 3、0. 2 和 0. 5。其计算公式如下：

$$PS=\frac{0.3\times S_1+0.3\times S_2+0.4\times S_3}{0.3\times P_1+0.2\times P_2+0.5\times P_3} \tag{2-2}$$

式中，PS 为湿地斑块稳定性指数；S_1 为斑块面积指数；S_2 为斑块形状指数；S_3 为每个斑块向外扩展 5000m 的湿地率；P_1 为与最近居民点的距离指数；P_2 为与最近道路的距离指数；P_3 为每个斑块向外扩展 5000m 的农田率。

利用 ArcGIS 10. 2 对六个指标数据进行处理，结合 SPSS 软件分别对 1985 年和 2015 年的六个指数进行极大值标准化处理，使每个指数范围处于 0~1。根据式（2-2），计算出 1985 年与 2015 年湿地斑块稳定性指数。然后，分别对 1985 年 152 个沼泽湿地斑块和 2015 年 145 个沼泽湿地斑块的稳定性进行 Kriging 插值。

三、结果与分析

（一）研究区沼泽湿地斑块稳定性的空间分布

利用 ArcGIS 10. 2 软件得到 1985~2015 年沼泽湿地斑块空间分布图（见图 2-4），并对沼泽湿地稳定性指数进行处理，采用普通 Kriging 插值方法得到 1985~2015 年研究区沼泽湿地斑块稳定性指数空间分布图（见图 2-5）。根据插值结果，沼泽湿地斑块稳定性数值越大，稳定性等级越高，沼泽湿地斑块稳定性越强，反之，同理。由图 2-4、图 2-5 可知，1985 年研究区东南部的乌兰花镇、四井子镇附近沼泽湿地分布较少、居民用地较多、人为干扰强度大，因此该区沼泽湿地斑块稳定性最弱；研究区中心向海国家级自然保护区的核心区沼泽湿地斑块稳定性最强；2015 年研究区东部乌兰花镇、四井子镇和西艾力蒙古族乡附近沼泽湿地斑块稳定性最弱，该区沼泽湿地分布较少，耕地面积较多，农业干扰强度较大；研究区中心的向海国家级自然保护区窝堡、尖底窝堡附近沼泽湿地斑块稳定性最强。而 1985 年与 2015 年研究区西部科尔沁右翼中旗沼泽湿地斑块稳定性均相对较强。

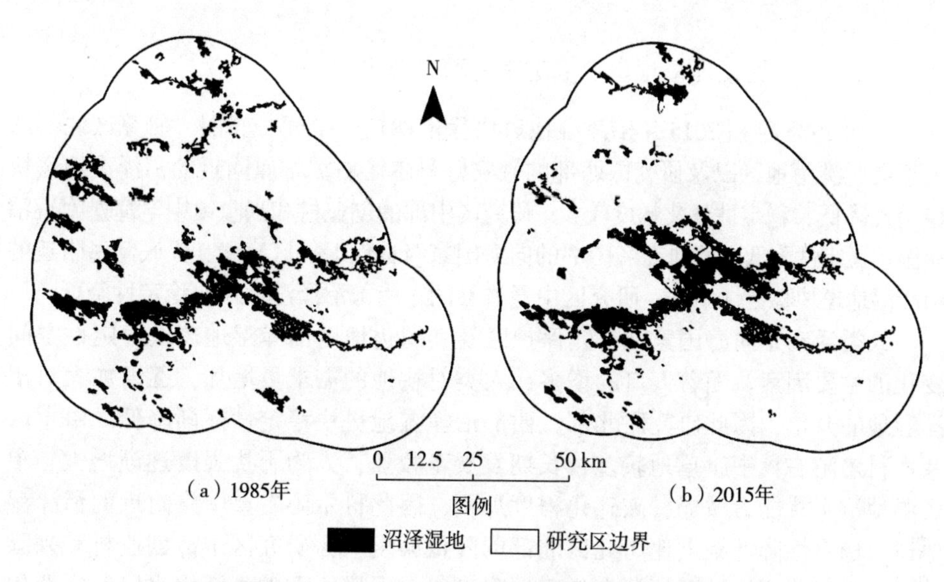

图 2-4　1985～2015 年沼泽湿地斑块空间分布

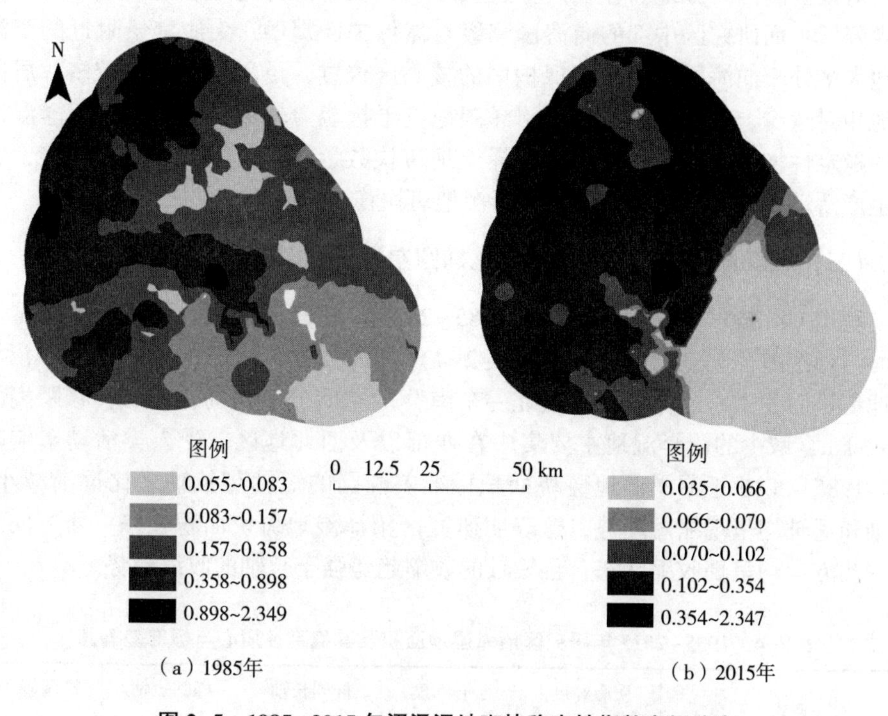

图 2-5　1985～2015 年沼泽湿地斑块稳定性指数空间分布

（二）研究区沼泽湿地斑块稳定性的动态变化

对比1985年和2015年沼泽湿地斑块稳定性指数空间分布图，研究区北部的突泉县、洮南地区以及研究区西部的兴安盟科尔沁右翼中旗附近的沼泽湿地斑块稳定性降低，稳定性变化幅度较大；研究区中部的创业村和兴隆镇中学窝堡附近沼泽湿地稳定性降低，而研究区中部的向海国家级自然保护区窝堡、尖底窝堡附近的沼泽湿地斑块稳定性增强；研究区中通榆县的东南部沼泽湿地斑块稳定性降低。

人类活动是向海国家级自然保护区及其周边地区沼泽湿地斑块稳定性空间变化的主要因素。随着人口的增多，人类对耕地的需求量增加，逐渐加大对沼泽湿地的开垦，因此研究区北部、西部沼泽湿地斑块稳定性逐渐降低。由于内蒙古科尔沁右翼中旗草地较多，长期发展畜牧业，人为干扰强度逐渐增大，沼泽湿地抗干扰能力减弱，破碎化程度加剧，因此科尔沁右翼中旗附近的沼泽湿地斑块稳定性降低幅度比研究区北部的降低幅度大；研究区中部创业村和兴隆镇中学窝堡附近沼泽湿地分布较少，附近农村居民所需的生活用水以及农业用水均对该区的沼泽湿地的存在产生直接影响，从而使得此区域沼泽湿地斑块稳定性降低；而研究区中部的向海国家级自然保护区窝堡、尖底窝堡附近的沼泽湿地大多处于向海国家级自然保护区的核心区位置，沼泽湿地分布较多，居民用地相对较少，农业活动较少，沼泽湿地抗干扰能力较强，因此该区沼泽湿地斑块稳定性增强；研究区东南部沼泽湿地斑块数量较少，且耕地面积较多，农业生产活动影响较大，因此该区沼泽湿地斑块稳定性降低。

（三）沼泽湿地斑块稳定性标准化椭圆空间变化

利用GIS技术，制作出研究区1985~2015年沼泽湿地斑块面积及其稳定性质心与标准差椭圆空间变化表（见表2-4）。由表2-4可知，1985~2015年沼泽湿地斑块面积重心总体呈现“西北—东南”的空间分布格局，重心转移距离为2.899km，减少的沼泽湿地主要集中在西部以及西北地区，受人类活动影响较大。1985~2015年沼泽湿地斑块面积标准差椭圆的短轴与长轴之比逐渐减小，长轴和短轴均呈现缩短趋势，这表明研究区沼泽湿地斑块面积在东—西方向和南—北方向均呈现收缩状态，且短轴的收缩趋势强于长轴的收缩趋势。

表2-4 1985~2015年研究区沼泽湿地面积及其稳定性质心与标准差椭圆

要素	质心经度（°）	质心纬度（°）	椭圆长轴（m）	椭圆短轴（m）	椭圆倾角（°）
1985年沼泽湿地面积	122.2616E	45.0227N	24588.05	20619.14	142.3590

续表

要素	质心经度（°）	质心纬度（°）	椭圆长轴（m）	椭圆短轴（m）	椭圆倾角（°）
2015 年沼泽湿地面积	122.2962E	45.0136N	19879.69	12280.32	176.7839
1985 年沼泽湿地稳定性	122.2276E	45.0436N	30043.35	21649.70	179.6848
2015 年沼泽湿地稳定性	122.2062 E	45.0856 N	31393.43	20400.99	174.5985

随着人口增多，人类活动频繁，农业干扰活动较多，1985~2015 年沼泽湿地斑块稳定性重心总体呈现“西—东”的空间分布格局，重心转移距离为 2.283km，沼泽湿地斑块稳定性标准差椭圆的短轴与长轴之比逐渐减小，且长轴和短轴呈现缩短趋势，这表明研究区沼泽湿地斑块面积在东—西方向和南—北方向均呈现收缩状态，且短轴的收缩趋势强于长轴的收缩趋势。

总之，1985~2015 年沼泽湿地斑块面积重心与 1985~2015 年沼泽湿地斑块稳定性重心总体变化趋势基本保持一致，均呈现向东移动的趋势，两者标准差椭圆均呈现收缩趋势。结合 1985~2015 年研究区的实际情况以及相关政策，在一定程度上可以解释沼泽湿地斑块稳定性空间格局的变化。近几年，吉林省西部地区河湖连通工程的实施，主要将汛期中的霍林河、洮儿河富余的水引入向海国家级自然保护区内的大型泡沼中，进行生态补水。受水文因素的影响，研究区中东部水量不断增加，沼泽湿地面积增加，因此两者重心均向研究区东部偏移。

（四）沼泽湿地斑块稳定性研究分区动态变化分析

利用 ArcGIS 10.2 软件，结合向海国家级自然保护区功能区规划图，将研究区划分为核心区、缓冲区、实验区以及向海国家级自然保护区的周边地区。利用 SPSS 软件，在类型尺度上，计算分别得出四个研究分区沼泽湿地斑块稳定性面积加权平均值（见表 2-5）。

表 2-5　研究分区沼泽湿地斑块稳定性面积加权平均值

年份	核心区	缓冲区	实验区	周边地区	研究区
1985	2.292	2.150	1.877	0.997	1.490
2015	2.319	2.189	2.294	1.157	1.865

从整体来看，1985~2015 年研究区沼泽湿地斑块稳定性总体呈上升趋势；从研究分区来看，1985~2015 年向海国家级自然保护区内的核心区、缓冲区、

实验区以及周边地区的沼泽湿地斑块稳定性指数逐渐增加，其中核心区、缓冲区、实验区沼泽湿地面积分别大约增长了 26km²、5km²、70km²，增幅分别为 24%、20%、79%（见表 2-6）。这主要与近几年吉林省耕地补偿制度、“退耕还湿”政策以及“引洮入向”“引霍入向”工程的实施有着直接联系。

表 2-6　研究区沼泽湿地以及耕地面积　　单位：km²

年份	沼泽湿地					耕地		
	核心区	缓冲区	试验区	周边地区	研究区	保护区	周边地区	研究区
1985	108	25	89	280	502	97	1272	1369
2015	134	30	159	196	519	207	2033	2240

（五）沼泽湿地斑块稳定性空间变异分析

结合 SPSS 统计软件，计算得出 1985 年与 2015 年研究区沼泽湿地斑块稳定性的平均值（MN）、标准差（SD）和变异系数（CV）。根据变异系数可以将沼泽湿地斑块稳定性分为三个程度，CV≤0.1 为弱变异程度、0.1<CV≤1 为中等变异程度、CV≥1 为强变异程度（崔丽娟，2002；邬建国，2007）。1985 年、2015 年沼泽湿地斑块稳定性的 CV 值分别为 1.101、1.611，均大于 1，表明两时期沼泽湿地斑块稳定性属于强变异程度。1985~2015 年 CV 值逐渐增大，说明沼泽湿地斑块稳定性离散程度增强，沼泽湿地稳定性的空间结构性变弱。主要原因为耕地面积的增加、居民点数量的增多，人为破坏强度大，人类干扰起到主导作用。

四、讨论

一些学者在三江源典型区湿地景观稳定性与转移过程分析的研究中，选取了斑块结构稳定性作为衡量该湿地景观稳定性变化的指标之一，斑块结构稳定性值越高，说明斑块镶嵌结构越稳定，反之则说明斑块镶嵌结构越不稳定（赵峰，2012；白军红 2005；刘吉平，2017）。本节通过计算研究区沼泽湿地的斑块结构稳定性对模型合理性进行验证，结果如表 2-7 所示。1985~2015 年研究区沼泽湿地斑块结构稳定性值逐渐升高，说明 1985~2015 年研究区沼泽湿地斑块镶嵌结构越稳定，其计算结果与研究区沼泽湿地斑块稳定性面积加权平均值计算结果一致，说明本节湿地斑块稳定性模型的建立具有一定的合理性。

表 2-7　沼泽湿地斑块结构稳定性

年份	分维数	斑块结构稳定性
1985	1.043	0.457
2015	1.038	0.462

本节在 GIS、RS 技术支持下，经野外实地考察，综合考虑自然因素和人为因素，结合影响当地沼泽湿地斑块稳定性的相关指标，构建了向海国家级自然保护区及其周边地区湿地斑块稳定性模型。本节基于湿地斑块稳定性模型，不仅对该区沼泽湿地斑块稳定性的空间分布、时空变化以及各研究分区的动态变化进行分析，并且对研究区沼泽湿地的保护与管理提出了合理性建议，为保护区及其周边地区沼泽湿地的管理提供了一定的科学依据，模拟结果基本满足本书研究的需要。但模型也有相应的不足，所建模型虽然基本将影响沼泽湿地斑块稳定性的相关指标考虑在内，但对影响斑块与斑块之间镶嵌结构的稳定性的指标考虑较少；本模型是在斑块尺度上对沼泽湿地斑块稳定性进行的研究，但大多数研究多集中在类型尺度或者景观尺度上，因此对湿地斑块稳定性模型的验证方法较少。在今后研究当中应当综合考虑影响湿地斑块稳定性的内因和外因，不断完善所建立的湿地斑块稳定性模型，找到更好且更多验证本模型合理性的方法，从而为研究区沼泽湿地的维系与管理建言献策。

罗格平（2006）在三江河流域绿洲景观斑块稳定性的研究中认为绿洲斑块分为天然和人为绿洲斑块，而绿洲斑块的稳定性主要表现在自然稳定性和人为稳定性，其中人为干扰起到关键性作用，人为干扰很弱或不存在，绿洲斑块则为天然绿洲斑块且为自然稳定性，而人类干扰强烈，绿洲斑块则为人为绿洲斑块且为人为稳定性。根据研究区沼泽湿地斑块稳定性的面积加权平均值，1985~2015 年核心区平均值最高，主要原因为核心区内人口较少，人为干扰强度较弱，此时沼泽湿地斑块为天然沼泽湿地斑块，主要表现为自然稳定性；1985~2015 年缓冲区尤其是实验区、周边地区人为干扰较多，强烈的人类干扰是三区平均值较低的主要因素，此时缓冲区尤其是实验区和周边地区的沼泽湿地斑块为人为沼泽湿地斑块，主要表现为人为稳定性。1985~2015 年向海国家级自然保护区内沼泽湿地斑块稳定性总体呈上升趋势，说明研究区内沼泽湿地的管理基本达到了保护效果。但由研究分区沼泽湿地斑块稳定性面积加权平均值可知，1985 年实验区稳定性指数低于核心区和缓冲区稳定性指数，而 2015 年实验区稳定性指数由原来 1.877 上升至 2.294，并且高于缓冲区稳定性指数，接近核心区稳定性指数，说明在实验区中有部分人为稳定性沼泽湿地斑块正在向自然稳定性沼泽湿地斑块过渡。受降水量、水文以及政策等因素的影响，向海国家级自然保护区内实验区沼泽湿地面积不断增多，沼泽湿地分布格局发生较大变化，因此向海国家级自然保护区在各功能分区的划分上有一定不合理性。在未来保护区的规划和设计中，建议将位于向海蒙古族乡水库周围的沼泽湿地划分为核心区，对其进行重点保护。1985~2015 年向海国家级自然保护区周边的西南部湿地斑块稳定性指数由 0.938 上升至 2.346，东北部稳定性指数由 2.346 上升至 2.349。与周边地区沼泽湿地斑块相比，两者沼泽湿地斑块保存较为完整，稳定性指数相对较高，在今后沼泽湿地保护与管理中，建议将两者进行重点保护与维系。

湿地景观格局在时空尺度上具有显著的异质性，表现为湿地景观类型、数目及分布随时空变化而改变，常与气候、水文、人类活动等多种因素密切相关（Fujihara，2005）。气候因子在较大尺度上制约着湿地的水量收支平衡，它与水文过程一起主导湿地景观格局的变化（Lai，2013）；农田开垦及其他形式的土地利用变更则局部改变着湿地的面积和空间分布（邓伟，2012；刘吉平，2016）。研究区位于半干旱半湿润的大陆性季风区域，年际之间降水变化率较大，降雨量的变化对湿地斑块面积、形状会有很大影响，进而影响到研究区沼泽湿地斑块稳定性。降雨量的变化趋势及其空间分布状况具有一定的差异性，主要受研究区域、站点密度、季节等因素影响（武慧智，2015）。本书研究区域面积小，气象站少，降雨量空间变异较小。因此，在湿地斑块稳定性模型的构建过程中没有考虑降雨量等气象因素的影响。

第三节　沼泽湿地格局动态变化的驱动力分析

湿地景观格局在时空尺度上具有显著的异质性，表现为湿地景观类型、数目及分布随时空变化而改变，常与气候、水文、人类活动等多种因素密切相关（Fujihara，2005）。气候因子在较大尺度上制约着湿地的水量收支平衡，它与水文过程一起主导湿地景观格局的变化（Lai，2013）；农田开垦及其他形式的土地利用变更则局部改变着湿地的面积和空间分布（邓伟，2012；刘吉平，2016）。

一、自然因素

湿地是对气候变化最敏感的生态系统，其组成、结构、分布和功能等都与气候因子相关，气候变化必然引起湿地格局的变化（刘吉平，2014；He，2000；Burkett，2000）。为研究气候变化对向海国家级自然保护区湿地变化的影响，对吉林省通榆站的降水量与平均气温变化情况进行分析（见图2-6），气候数据来源于中国气象数据网（http：//data. cma. cn/site/index. html）的中国地面年平均气温（℃）和年降水量（mm）。

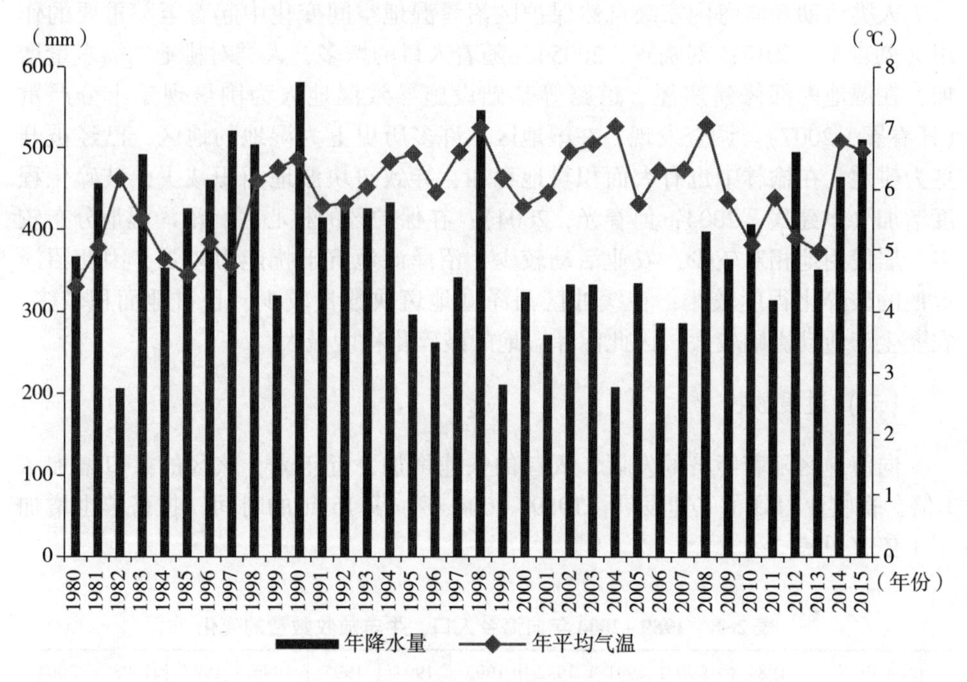

图2-6　1980~2015年通榆站年降水量和年平均气温变化

由图2-6可知，20世纪80年代降水量大，气温低；90年代以后降水量下降，气温波动上升。其中1994年降水量少，气温高，导致湿地面积最小；1998年吉林省发生特大洪水后，连年干旱，该时间段内年平均气温上升，蒸发旺盛，导致2000~2008年湿地面积缩小。2008年以后降水量明显上升，气温波动幅度较小，使得2008年以后的湿地面积有所增加，尤其是2013年汛期，洮儿河发生了自1998年以来的最大洪水，使得2014年湿地面积达到最大值。运用SPSS软件，建立湿地面积和年降水量相关关系。结果表明：湿地面积变化与年降水量呈正相关关系，相关系数为0. 395，且通过了0. 091显著性水平检验。说明降水量变化是影响向海国家级自然保护区沼泽湿地格局变化的主要自然因素之一。

二、人为驱动力

（一）农业开垦

人类活动在向海国家级自然保护区沼泽湿地空间变化中起着至关重要的作用（刘吉平，2017；刘晓辉，2005）。随着人口的增多，人类对耕地的需求量增加，在湿地内部修建房屋、道路等基础设施导致湿地人为围垦现象十分严重（任春颖，2007）。调查发现，在湿地区，许多历史上为湿地的地区，已经被开垦为耕地，在榆林中也有大面积耕地存在，导致斑块湿地面积减少，破碎化程度增加（卞建民，2004；何春光，2004）；在保护区的核心区，沼泽湿地分布较多，居民用地相对较少，农业活动较少，沼泽湿地抗干扰能力较强，因此沼泽湿地的破碎化程度较小；在缓冲区沼泽湿地斑块数量较少，且耕地面积较多，农业生产活动影响较大，因此沼泽湿地的破碎化程度最大。

（二）过度放牧

向海地区随着经济的发展，人口的快速增加，近年来，该区的人口增加了1倍，畜牧业得到了飞速发展。1989~2004 年，仅 15 年的时间，牲畜羊也增加了 1 倍（见表 2-8）。

表 2-8　1989~2004 年向海乡人口、牛羊放牧数量的变化

年份	1989	1990	1991	1992	1993	1994	1995	1996	1997	1998	2004
人口（人）	7200	7250	7421	7500	7932	8320	8670	9030	9450	9780	15000
牛放牧量（头）	1900	2000	2086	2210	2600	2900	3210	3500	3800	4000	—
羊放牧量（头）	6400	7000	7800	8500	9200	9900	10800	11200	11600	12000	123570

资料来源：向海乡政府。

人口增加的直接结果是保护区居民、耕地面积的不断增加和牲畜数量的增加，过度放牧使保护区湿地面积萎缩，湿地面积减少，破碎化程度增加。过度或不合理的放牧也导致鸟类生境的破坏，水鸟的生境受到侵扰，鸟巢、鸟卵受到践踏、破坏，威胁不断增多，保护区湿地生态系统的健康面临极大的压力。

（三）政策因素

向海国家级自然保护区在 1986 年被国务院批准晋升为国家级自然保护区

后，在1992年1月保护区被列入世界重要湿地名录（A级），并于1993年5月18日加入“中国生物圈保护区网络”，使1994~2000年湿地保护性有所提升；1998年发生特大洪水期间，当地政府为了泄洪，将大部分洪水排出湿地，湿地蓄水较少。2001年、2002年的连续干旱使2000~2008年湿地面积减少；2013年6月，吉林省决定启动实施“河湖连通”工程，主要将汛期中的霍林河、洮儿河富余的水引入向海国家级自然保护区内的大型泡沼中，进行生态补水用于改善和恢复湿地面积。在相关政策制度的保护下，向海国家级自然保护区在2008~2016年湿地面积总体呈上升趋势，湿地面积有所增加，保护有效性显著提升。

本章小结

本章利用地理信息系统和遥感技术，结合景观生态学理论与方法，从类型和斑块尺度上研究了向海国家级自然保护区沼泽湿地景观格局动态变化特征，并分析其驱动机制，结果表明：

（1）1990~2016年向海国家级自然保护区沼泽湿地面积和空间格局发生了明显变化，湿地面积总体上为“V”字形变化趋势，呈现先下降后上升的趋势，沼泽湿地破碎化程度逐渐增加，斑块复杂性降低，连接度先增加后降低。1990~2016年向海国家级自然保护区各功能分区中核心区沼泽湿地面积最大，其次是实验区，最后是缓冲区。核心区范围内斑块面积高于缓冲区和实验区，且核心区斑块复杂性高于缓冲区和实验区，在斑块破碎化程度上缓冲区较高。

（2）1985~2015年向海国家级自然保护区及其周边地区沼泽湿地斑块稳定性重心由西向东偏移，沼泽湿地斑块稳定性空间集聚性增强；沼泽湿地斑块稳定性总体呈增强趋势，其空间结构性逐渐减弱；向海国家级自然保护区核心区、缓冲区和实验区以及周边地区沼泽湿地斑块稳定性升高，其变化趋势与整个研究区沼泽湿地斑块稳定性的变化趋势一致；2015年缓冲区沼泽湿地斑块稳定性比实验区低，并且实验区沼泽湿地斑块稳定性接近核心区，在未来保护区功能区规划中建议将向海水库周围的沼泽湿地划分到核心区中。

（3）向海国家自然保护区景观空间格局动态变化和生态过程主要是由自然干扰与人类活动相互作用的结果。其中降水量对湿地面积变化影响较大。而且近几年由于国家政策的支持，有效地改善湿地面积减少的局面，使湿地面积有所回升，湿地保护有效性增强。

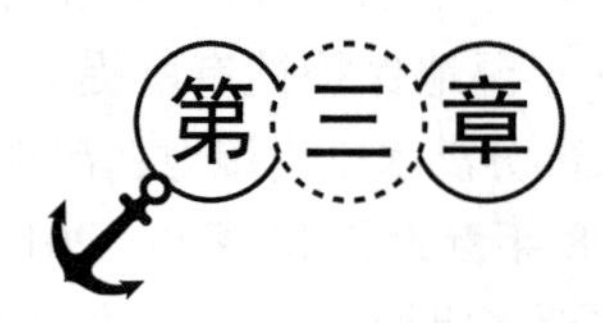

湿地小气候和水质变化

湿地是自然界非常重要的人类生存环境和生态景观之一，在调节气候、调蓄洪水、净化水质、维持生物多样性等方面发挥着十分重要的作用，认知湿地下垫面对小气候和水质的影响，对揭示湿地生态功能和评价湿地在全球环境中的地位具有重要意义。本章针对向海国家级自然保护区，通过与通榆县温度、相对湿度、风速等进行对比分析，研究向海国家级自然保护区湿地生长季期间（5~9月）小气候效应。结合Landsat-OLI遥感影像以及野外实测的水质数据，运用经验分析方法对向海湿地水体中叶绿素a、总悬浮物和浊度进行建模分析，研究向海湿地水质的时空变化规律。

第一节　湿地小气候

小气候是指由于下垫面不同，或人类活动等造成的在小范围内产生的气候影响。相关研究表明，湿地局地小气候具有“冷湿”效应，但其影响空间有限，在7~8月比较明显。因此本节通过与通榆气象站的温度、相对湿度、风速等气象要素进行对比，研究向海国家级自然保护区2015年的生长季（5~9月）沼泽湿地的小气候效应。

通榆气象站气象数据来源于中国数据气象数据网（http：//data. cma. cn/site/index. html），向海国家级自然保护区的气象数据来源于向海国家级自然保护区的自动气象观测站。

一、地表温度

本节主要是对比向海国家级自然保护区与通榆气象站的生长季（5~9月）月平均地温的差异（见表3-1），分析沼泽湿地对地表温度的影响。

表 3-1　2015 年向海国家级自然保护区与通榆县月平均地表温度对比

单位：℃

地点	5 月	6 月	7 月	8 月	9 月	生长季
通榆县气象站	19.54	25.96	29.83	27.27	20.64	24.65
向海国家级自然保护区	13.90	19.34	22.42	22.13	17.12	18.98
差值	-5.64	-6.62	-7.41	-5.14	-3.52	-5.67

由表 3-1 可以看出，5~9 月向海国家级自然保护区与通榆县的月平均地表温度均呈现先升高后降低的趋势，其中以 7 月月平均地表温度最高，5 月最低。向海国家级自然保护区湿地的地表温度明显低于通榆县的地表温度，两者在生长季（5~9 月）相差 5.67℃，向海国家级自然保护区湿地的地表温度比通榆县的地表温度低 23%。在生长季中，月平均地表温度有类似的规律，向海国家级自然保护区湿地的月平均地表温度低于通榆县的月平均地表温度，其中以 7 月差异最大，相差 7.41℃，9 月差异最小，相差 3.52℃。

二、相对湿度

相对湿度是指空气中水汽压与饱和水汽压的比，缩写为 RH，单位为%。通过对比通榆县与向海国家级自然保护区 2015 年生长季（5~9 月）的相对湿度(见表 3-2)，分析沼泽湿地对相对湿度的影响。

表 3-2　2015 年向海国家级自然保护区与通榆县月平均相对湿度对比

单位：%

地点	5 月	6 月	7 月	8 月	9 月	生长季
通榆县气象站	49.29	63.70	65.77	76.39	63.87	63.80
向海国家级自然保护区	73.05	80.93	78.99	85.69	80.60	79.85
差值	23.76	17.23	13.22	9.30	16.73	16.05

由表 3-2 可以看出，5~9 月向海国家级自然保护区与通榆县的月平均相对湿度均呈现先升高后降低的趋势，其中以 8 月月平均相对湿度最高，5 月最低。向海国家级自然保护区湿地的相对湿度明显高于通榆县的相对湿度，两者在生长季（5~9 月）相差 16.05%，向海国家级自然保护区湿地的相对湿度比通榆

县的相对湿度高 25.16%。在生长季中，月平均相对湿度有类似的规律，向海国家级自然保护区湿地的月平均相对湿度高于通榆县的月平均相对湿度，其中以 5 月差异最大，相差 23.76%，8 月差异最小，相差 9.30%。

三、风速

风速是指空气相对于地球某一固定地点的运动率，它的单位是 m/s。通过对比通榆县与向海国家级自然保护区 2015 年生长季（5~9 月）的风速（见表 3-3），分析沼泽湿地对风速的影响。

表 3-3　2015 年向海国家级自然保护区与通榆县月平均风速对比

单位：m/s

地点	5 月	6 月	7 月	8 月	9 月	生长季
通榆县气象站	4.48	3.43	2.71	2.60	2.69	3.18
向海国家级自然保护区	4.08	3.29	2.81	3.01	2.78	3.19
差值	-0.40	-0.14	0.10	0.41	0.09	0.01

由表 3-3 可以看出，向海国家级自然保护区湿地与通榆县的月平均风速最低值分别为 2.78m/s、2.60m/s，分别出现在 9 月、8 月。两者在 5~9 月的风速差距并不大，风速差值在 0~0.5m/s，其中最大月平均风速差值为 0.41m/s，最小风速差值为 0.09m/s。具体计算生长季向海湿地与通榆县风速的平均值分别为 3.19m/s 和 3.18m/s，由此可见，两地生长季期间风速相差极小。

第二节　湿地水质变化

随着近年来人类活动的日益加剧，使向海湿地的生态环境受到严重的破坏。其中比较明显的是向海湿地水质的恶化。水是参与湿地生态过程的主要成分之一，湿地水质的变化直接影响湿地系统生态环境的质量。在水体水质变化监测方面，常规的水样采集方法费时费力，且监测技术有限，因此需要运用遥感手段对水体进行研究。湿地水体对湿地生态系统有重要影响，本节选取向海国家级自然保护区为研究区域，结合 Landsat-OLI 遥感影像以及野外实测的水质数据，运用经验分析方法对向海湿地水体中叶绿素 a、总悬浮物和浊度进行建模分析，研究水质变化，为向海湿地水体保护、恢复与管理提供科学指导。

一、材料和方法

（一）样品的采集

分别在 2018 年 6 月 12 日、7 月 25 日和 9 月 11 日对向海湿地的兴隆水库、向海一场、碱地泡、付老文泡四个区域进行取样，每个区域通过随机布点的方式布置 5~8 个采样点，并使用各区域采样点指标的平均值进行分析。每次取样均在 7 天内无极端天气（如大规模降雨和沙尘暴等）的情况下进行，并且采集区域无突发性污染事件，以避免高污染负荷冲击对监测带来影响。采样时间为上午 8：00~12：00，现场使用便携式多参数水质分析仪对水温、溶解氧、电导率、盐度、溶解性总固体、pH、氧化还原电位进行检测，透明度采用塞氏盘法测定。每个采样点采集 1L 水样注入干净的塑料水样瓶中，贴好标签，密封冷藏好带回实验室。每次水样采集结束后，都将水样送到中国科学院东北地理与农业生态研究所进行分析测定。

（二）样品处理与分析

在实验室测试的水质参数主要有叶绿素 a、总悬浮物和浊度。测量水质参数的方法都不同。

叶绿素 a 浓度使用的方法是四波段算法。具体包含四个步骤：抽滤、提取、离心、测定。接下来为具体的操作方式，第一步，抽滤器上连接真空泵，把微孔滤膜放在抽滤器上，对混匀水样进行抽滤，抽滤过程中的负压不能超过 20kpa，逐渐减压，水样正好完全通过滤膜的时候终止抽滤，然后使用镊子慢慢将滤膜取出来，对着有样品的那一面，再用滤纸吸干剩余的水分。第二步，把过滤后的滤膜放在具塞玻璃离心管里面并把塞帽盖紧，放在温度为-40℃冰箱中冷冻 20 分钟，取出来在室温下放 5 分钟，重复 3 次，离心管内放入体积为 10ml 且浓度为 90%的丙酮溶液，盖紧塞帽摇晃使其剧烈震荡一会儿，放在温度为 4℃的冰箱中避光备用。第三步，把离心管放在离心机中离心 15 分钟，使用 3500r/min 的速度离心。第四步，把离心后的上层清液放入分光光度计中，测出四个波长（630nm、647nm、664nm 和 750nm）的吸光度，根据公式计算出叶绿素浓度。计算叶绿素 a 浓度的公式如式（3-1）所示：

$$C_{Cha-1}=(11.85\times R_{664\sim750}-1.54\times R_{647\sim750}-0.08\times R_{630\sim750})\times V_{定容}/V \quad (3-1)$$

式中，C_{Cha-1}为叶绿素 a 的浓度，单位为 μg/L；$R_{664\sim750}$为波长是 664nm 时所对应的吸光度数值与波长是 750nm 时所对应的吸光度数值的差；$R_{647\sim750}$为波长是 647nm 时所对应的吸光度数值与波长是 750nm 时所对应的吸光度数值的差；$R_{630\sim750}$为波长是 630nm 时所对应的吸光度数值与波长是 750nm 时所对应的吸光度数值的差；$V_{定容}$为定容体积（一般为 10ml）；V 为水样体积。

悬浮物采用重量法 GB11901-89 测得，具体方法为：用镊子夹取滤膜放入称量瓶（事先称好重量），放在 103~105℃温度下的烘箱烘干，半小时后将其取出并放在干燥器里面冷却直至室温，再称它的重量，就这样反复经历烘干、冷却和称重，直到两次称重的质量差小于或等于 0.2mg 时就可以吸滤了。量取充分混合均匀的试样 100ml 并进行抽吸过滤，使水分全部通过滤膜。然后每次都用 10ml 的蒸馏水连续洗涤三次，继续吸滤以除去痕量水分。吸滤结束以后，小心地取出载有悬浮物的滤膜放在原恒重的称量瓶里，放在温度为 103~105℃的烘箱中烘干，1 小时后放在干燥器里面冷却直到室温，称其重量。就这样通过反复的烘干、冷却和称量，当两次称重质量差小于或等于 0.4mg 的时候结束（梁丽娥等，2016）。悬浮物含量的计算公式如式（3-2）所示：

$$C=\frac{(A-B)\times10^6}{V} \quad (3-2)$$

式中，C 为水体中悬浮物的浓度，单位为 mg/L；A 为悬浮物、滤膜、称量瓶三者之和，单位是 g；B 为滤膜和称量瓶的重量，单位是 g；V 为水样体积，单位是 ml。

浊度是使用紫外分光光度法进行测量。在适当的温度下，将一定的硫酸肼与六次甲基四胺聚合，生成白色高分子聚合物，以此作参比浊度标准液，在一定条件下与水样浊度比较。测定时将浊度标准液逐级稀释成系列浊度标准液，在紫外分光光度计（UV-2600）仪器上测定浊度值，得出结果，单位使用 FNU（Harvey and Kratzer，2015）。

（三）水质分析标准和方法

水质现状分析以水质监测结果为依据；水质评价参照国家颁布的地表水环境质量标准进行；富营养化评价采用综合营养状态指数 TSI（chla）法进行评价。部分数据来源于《2018 年吉林省水资源公报》《吉林省 2018 年环境状况公报》《2018 年吉林省统计年鉴》。同时选择反演水体水质参数（叶绿素 a、总悬浮物和浊度）最敏感的单波段或波段组合，建立适用性较高的水质参数遥感定量反演模型，在此基础上，开展水质变化监测研究，并研究其驱动力因素。主要研究内容包括：

1. 基于多光谱遥感影像数据建立向海湿地水体水质参数模型

基于Landsat-OLI遥感影像数据，对水体污染的主要水质参数叶绿素a浓度、总悬浮物浓度和浊度进行最佳波段的选择，并建立单波段或波段组合模型，进行模型精度比较和模型验证。

2. 基于Landsat-OLI遥感影像数据的水质参数空间反演

获取向海湿地水体不同时期的水质参数空间分布，分析2013~2018年向海湿地水体水质参数的变化情况及影响水质参数变化的驱动力因素。

二、6~9月向海湿地的水质变化

（一）pH值

向海湿地水体6~9月pH值介于8.03~9.91，平均值为8.73，明显呈碱性。从月际变化来看，向海湿地水体6~9月pH值呈先减少后增加的趋势（见表3-4），以7月最低，6月最高，主要是因为7~8月降水最为集中，输入水量的增加降低了水体的pH值。从空间分布来看，以碱地泡pH值最低，平均值为8.13，而付老文泡最高，平均值为9.45。

表3-4　向海湿地水体6~9月pH值变化

月份	兴隆水库	向海一场	碱地泡	付老文泡	平均值
6月	8.63	8.84	8.21	9.91	8.90
7月	8.47	8.54	8.03	9.02	8.52
9月	8.97	8.61	8.14	9.42	8.79
平均值	8.69	8.66	8.13	9.45	8.73

（二）溶解氧

如表3-5所示，向海湿地水体6~9月溶解氧介于3.58~9.37mg/L，平均值为6.30mg/L。从月际变化来看，向海湿地水体6~9月溶解氧呈逐渐降低的趋势，由6月的8.26mg/L下降到9月的4.26mg/L。从空间分布来看，以向海一场溶解氧最高，平均值为7.21g/L，而付老文泡最低，平均值为5.36mg/L。

表 3-5　向海湿地水体 6~9 月溶解氧变化　　单位：mg/L

月份	兴隆水库	向海一场	碱地泡	付老文泡	平均值
6月	8. 15	9. 37	8. 46	7. 07	8. 26
7月	8. 11	7. 90	4. 61	4. 96	6. 39
9月	5. 03	4. 38	3. 58	4. 04	4. 26
平均值	7. 09	7. 21	5. 55	5. 36	6. 30

（三）叶绿素 a

向海湿地水体 6~9 月叶绿素 a 含量介于 4. 98~21. 03μg/L，平均值为 14. 17μg/L（见表 3-6）。从月际变化来看，向海湿地水体 6~9 月叶绿素 a 含量除向海一场为先增加后降低的趋势外，其他均为呈逐渐升高的趋势（见表 3-6），主要原因是经过一个夏季的生长期，藻类繁殖增强，数量增加，叶绿素 a 的含量有所增加。但在向海一场的叶绿素 a 含量先增长后下降，主要原因为向海一场位于水库地区，水库在雨季到来时进行了蓄水工作，7 月后水库蓄水量增加的量大于叶绿素 a 增加的量，因此单位容量叶绿素 a 的含量有所降低。从空间分布来看，以兴隆水库叶绿素 a 最高，平均值为 17. 44μg/L，而碱地泡叶绿素 a 最低，平均值为 10. 94μg/L，主要原因为兴隆水库位于实验区，污染相对较严重，而碱地泡位于核心区与缓冲区之间，污染相对较少。

表 3-6　向海湿地水体 6~9 月叶绿素 a 含量变化　　单位：μg/L

月份	兴隆水库	向海一场	碱地泡	付老文泡	平均值
6月	14. 19	17. 17	4. 98	8. 08	11. 10
7月	17. 10	19. 05	11. 90	15. 64	15. 92
9月	21. 03	7. 24	15. 95	17. 76	15. 50
平均值	17. 44	14. 49	10. 94	13. 83	14. 17

（四）浊度

浊度是指水中的悬浮物体对透过光线的遮挡程度。水中的悬浮物包括水体微生物、泥沙、无机物等，因此浊度是衡量水质的重要指标。向海湿地水体 6~9 月浊度介于 1. 98~131. 90NTU，变化较大，平均值为 74. 92NTU（见表 3-7）。从月际变化来看，向海湿地水体6~9月浊度除向海一场为先增加后降低的趋势外，其他均为呈逐渐升高的趋势（见表3-7），与叶绿素a含量变化趋势一致。首先是因为当地由于土地盐渍化较为严重，土质较为松散，随着雨季到来，雨水将大量松散土壤带入水体当中，造成浊度增大。同时，此时正值当地耕作季节，附近农田中残留的各种肥料、杀虫剂等通过下渗进入地下水，一部分被带进附近水体中，造成水体浑浊。向海一场的浊度在7月后发生下降，主要原因为该水库在雨季进行了蓄水工作，水库水量增加，水体浊度下降。从空间分布来看，以碱地泡浊度值最低，平均值为14.49NTU，而向海一场最高，平均值为126.65 NTU。

表3-7　向海湿地水体6~9月浊度变化　　单位：NTU

月份	兴隆水库	向海一场	碱地泡	付老文泡	平均值
6月	31.45	114.96	1.98	30.29	44.67
7月	79.33	202.33	3.26	108.90	98.46
8月	93.70	62.65	38.24	131.90	81.62
平均值	68.16	126.65	14.49	90.36	74.92

（五）总溶解固体

总溶解固体（TDS）是指1L水中存在的可溶解性的固体总量，单位为mg/L。通常来讲，单位容积内的TDS数值越高，说明水中的溶解物质越多，因此TDS也是衡量水体质量的重要指标之一。如表3-8所示，向海湿地水体6~9月总溶解固体介于0.04~2.02mg/L，平均值为0.66mg/L。从月际变化来看，向海湿地水体6~9月总溶解固体呈逐渐增加的趋势（见表3-8），由6月的0.36mg/L上升到9月的0.89mg/L。从空间分布来看，以付老文泡最高，平均值为1.15mg/L，而碱地泡最低，平均值为0.35mg/L。碱地泡的TDS月均值最小，主要是因为该水体周边人类活动较弱，没有农田，可溶解固体的来源较少。付老文泡水体流速较慢且比较封闭，周边农田中的农药化肥残留流入水体，造成该地TDS的来源较为丰富。

表3-8　向海湿地水体6~9月总溶解固体变化　　单位：mg/L

月份	兴隆水库	向海一场	碱地泡	付老文泡	平均值
6月	0.47	0.62	0.31	0.04	0.36
7月	0.52	0.62	0.38	1.40	0.73

续表

月份	兴隆水库	向海一场	碱地泡	付老文泡	平均值
9月	0.58	0.61	0.36	2.02	0.89
平均值	0.53	0.61	0.35	1.15	0.66

三、向海湿地水体水质参数反演及时空变化规律

利用 Landsat-OLI 遥感影像构建的最佳水质参数（叶绿素 a、总悬浮物和浊度）回归模型分别反演了 2013~2018 年 8 月天气条件比较好的 Landsat-OLI 遥感影像中，从而实现水质参数反演。利用 ArcGIS10.2 软件，计算出每一期影像水质参数的均值、最大值和最小值，用来反映向海湿地水体水质状态。根据叶绿素 a 浓度、总悬浮物浓度和浊度进行分级制图，对其时空变化规律进行分析，最后，分析影响水质变化的驱动力因素。

（一）向海湿地水体叶绿素 a 浓度时空变化

波段组合可以使水质参数和遥感反射率两者之间的相关系数提高，使用一系列的数学算法对 Landsat-OLI 遥感影像的四个敏感波段（Band1、Band2、Band3、Band4）进行运算，而后分析组合计算的结果与叶绿素含量之间的相关性，找到 B3×B4 的组合形式拟合系数最大，为 0.7645，均方根误差也较小，进而用其建立预测模型（见表 3-9）。因此利用 B3×B4 这个波段组合建立的模型对向海湿地水体叶绿素 a 浓度进行反演。

表 3-9　叶绿素 a 浓度回归预测模型

波段	模型	拟合系数（R^2）	均方根误差（μg/L）	Sig.
B3×B4	$y=2143.8x+6.9014$	0.7645	29.6655	0.00

叶绿素 a 浓度可以直观地反映向海湿地水体水质。由表 3-10 可知，叶绿素 a 浓度的变化范围在 21.43~32.38μg/L，波动不大，整体在 10.31μg/L 以上。向海湿地水体叶绿素 a 浓度的变化趋势为 2013~2017 年呈增加趋势，2018 年又降低。其中 2017 年叶绿素 a 浓度最大，为 32.38μg/L，2018 年叶绿素 a 浓度最小，为 21.43μg/L。

表 3-10　2013 年 8 月 11 日至 2018 年 8 月 9 日向海湿地水体叶绿素 a 浓度

单位：μg/L

时间	2013 年 8 月 11 日	2014 年 8 月 30 日	2015 年 8 月 1 日	2016 年 8 月 3 日	2017 年 8 月 22 日	2018 年 8 月 9 日
均值	24.31	22.13	24.58	24.21	32.38	21.43
最大值	187.22	168.50	112.50	194.96	160.83	142.83
最小值	11.94	10.85	10.65	10.74	10.98	10.31

如图 3-1 所示，向海水库一场西北角的叶绿素 a 浓度在 2013 年和 2017 年较高。向海水库二场东南角的叶绿素 a 浓度在 2018 年较低，其余年份都较高。大肚泡的叶绿素 a 浓度从 2013 年到 2017 年逐渐增加，2018 年又降低。兴隆水库从 2013 年开始应急补水，2014 年看出其水面积明显增大，其叶绿素 a 浓度除了 2017 年，其余年份都比较稳定。从空间分布上看，向海湿地水体中的叶绿素 a 浓度较高的部分为零星分布在居民点附近的小水泡，其次是大肚泡及旁边的水泡、向海一场水库西北方向沿岸水体以及西偏南方向的一个小水泡、向海二场的东南方向的水域和兴隆水库西部的一小片水域。其余水体变化梯度不大，浓度在 20μg/L 以下。水库水泡中心区域比沿岸区域的叶绿素 a 浓度低。水库入水口以及邻近居民点和耕地的水域叶绿素 a 浓度较高。

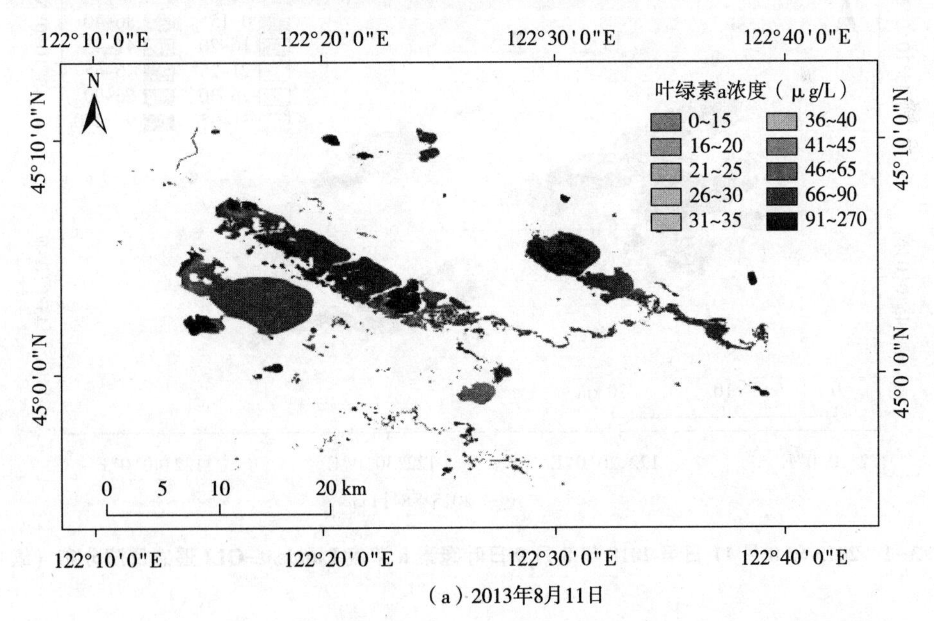

（a）2013年8月11日

图 3-1　2013 年 8 月 11 日至 2018 年 8 月 9 日叶绿素 a 浓度 Landsat-OLI 遥感反演分布

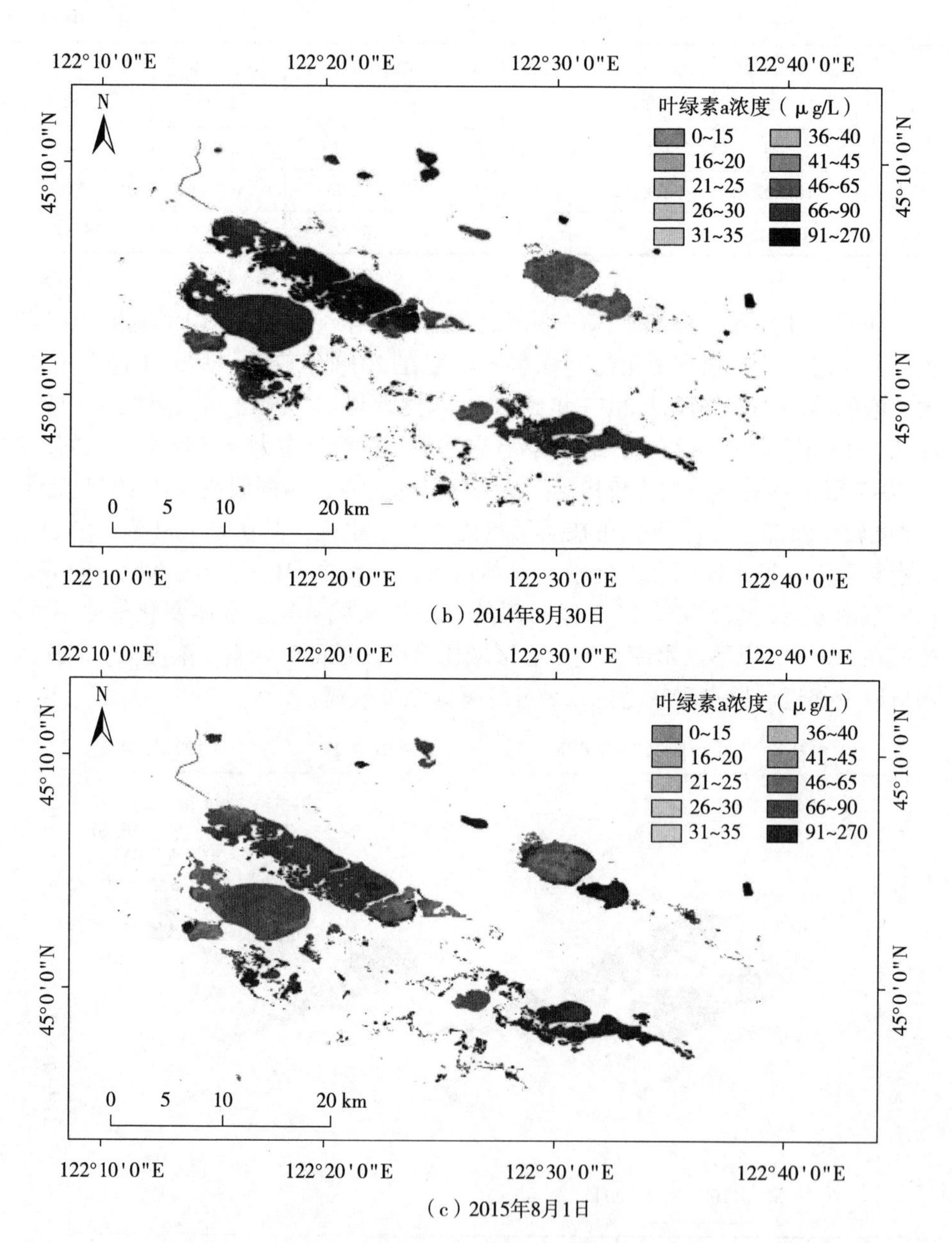

（b）2014年8月30日

（c）2015年8月1日

图 3-1　2013 年 8 月 11 日至 2018 年 8 月 9 日叶绿素 a 浓度 Landsat-OLI 遥感反演分布（续）

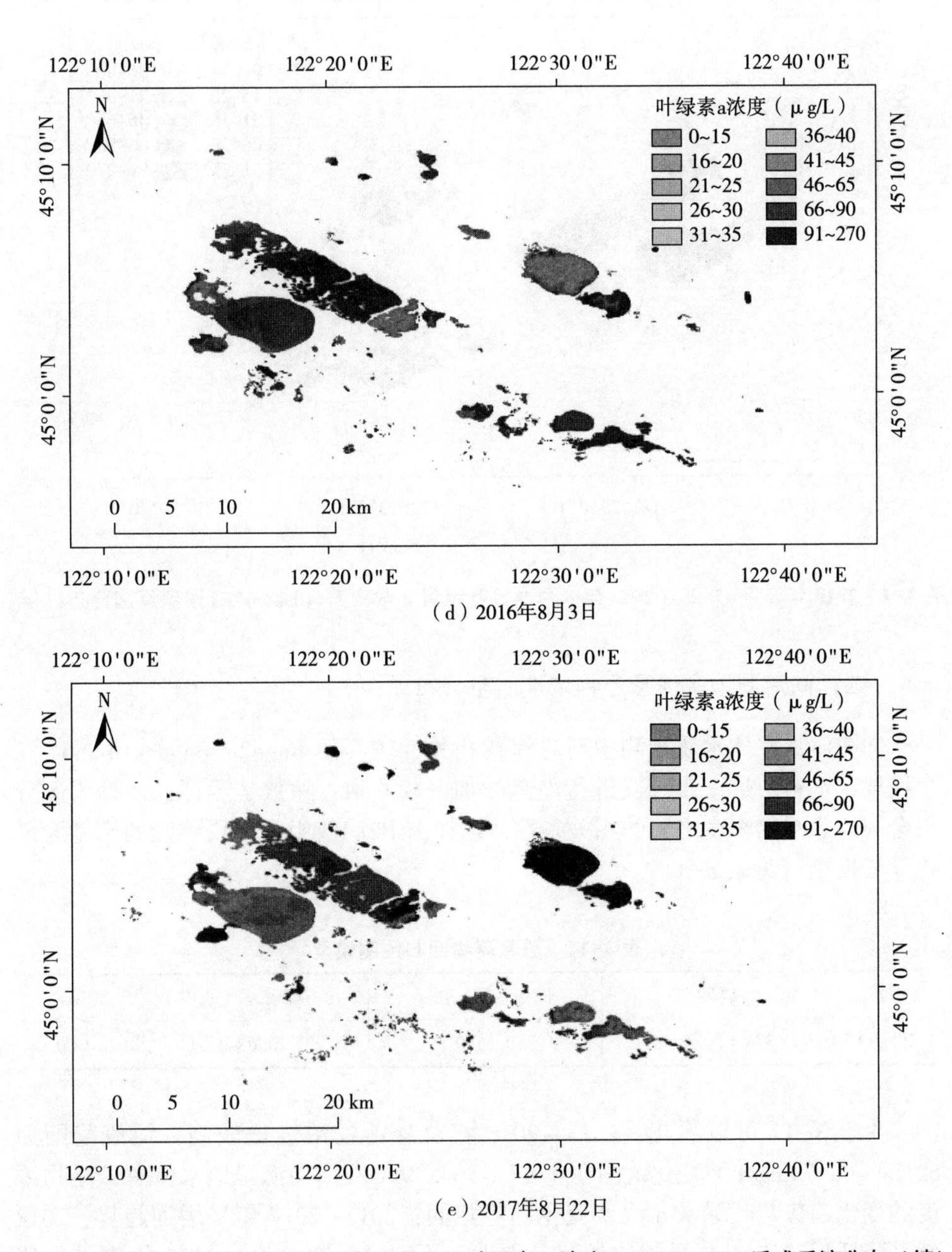

（d）2016年8月3日

（e）2017年8月22日

图 3-1　2013 年 8 月 11 日至 2018 年 8 月 9 日叶绿素 a 浓度 Landsat-OLI 遥感反演分布（续）

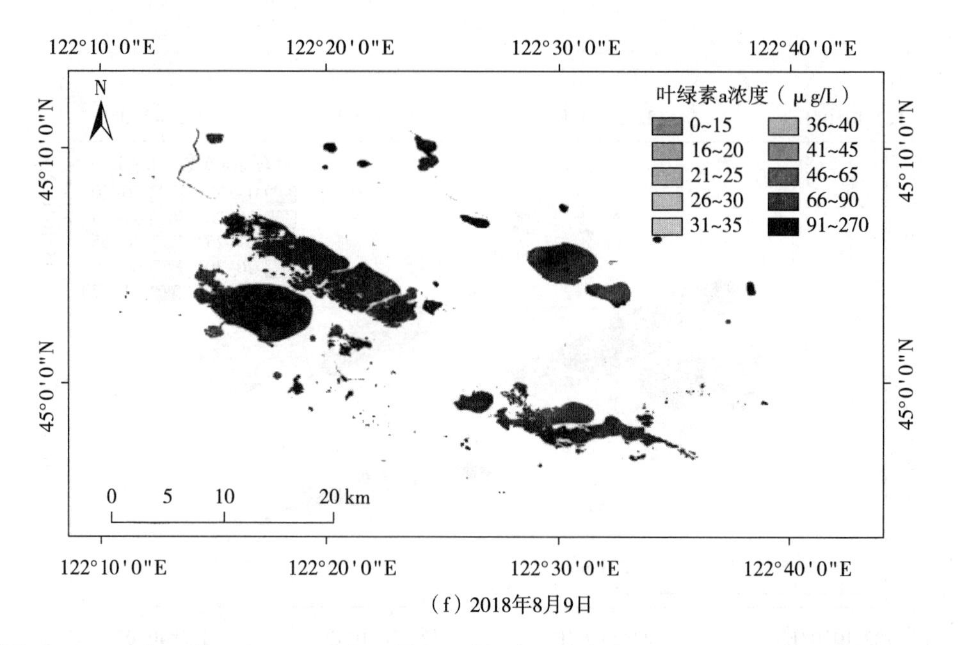

（f）2018年8月9日

图 3-1　2013 年 8 月 11 日至 2018 年 8 月 9 日叶绿素 a 浓度 Landsat-OLI 遥感反演分布（续）

（二）向海湿地水体悬浮物浓度时空分布

向海湿地水体水质预测中与悬浮物相关性较高的 Band2、Band3、Band4 三个波段，本节对这三个波段进行简单的加、减、乘、除数学运算，计算了部分组合与总悬浮物浓度之间的相关系数，选择出 B2+B3 组合波段构建的模型为最佳反演模型（见表 3-11）。

表 3-11　总悬浮物回归预测模型

波段	模型	拟合系数（R^2）	均方根误差（mg/L）	Sig.
B2+B3	y=374.61x-4.4651	0.6530	20.6340	0.00

由表 3-12 可以看出，2013~2018 年总悬浮物浓度比较高，均值范围为 52.04~68.74mg/L，变化范围在 4.67 ~164.29mg/L。向海湿地水体总悬浮物浓度的变化趋势与叶绿素 a 浓度变化趋势相同，2013~2017 年呈增加趋势，2018 年又降低。2017 年总悬浮物浓度达到最大值为 68.74mg/L，2018 年为最小值 52.04mg/L。

表 3-12 2013 年 8 月 11 日至 2018 年 8 月 9 日向海湿地水体总悬浮物浓度

单位：mg/L

时间	2013 年 8 月 11 日	2014 年 8 月 30 日	2015 年 8 月 1 日	2016 年 8 月 3 日	2017 年 8 月 22 日	2018 年 8 月 9 日
均值	60.99	57.30	62.08	60.00	68.74	52.04
最大值	150.74	138.99	115.84	147.64	164.29	130.80
最小值	28.91	22.70	20.20	19.55	18.77	4.67

由图 3-2 可知，大肚泡的总悬浮物浓度在 2015 年和 2017 年特别大。向海水库一场在 2015 年和 2017 年总悬浮物浓度较大，在 75mg/L 左右，其次是 2013 年和 2016 年，浓度在 65mg/L 左右，2014 年浓度在 55mg/L 左右，2018 年浓度在 45mg/L 左右。向海水库二场在 2015 年总悬浮物浓度最大，其余年份浓度也相对较大。兴隆水库总悬浮物浓度在 2017 年较大，其余年份较小。从空间分布上看，向海湿地水体中的总悬浮物浓度最高的地区位于大肚泡和零星分布在居民点附近的小水泡，其次是向海水库一场以及向海水库二场东南方向的水域。向海水库一场总悬浮物浓度整体由西北方向向东南方向逐渐递减，向海水库二场中部水体和兴隆水库的总悬浮物浓度低，变化梯度也不大。中心水体比沿岸水体的总悬浮物浓度低，是由于岸边悬浮泥沙多所致。

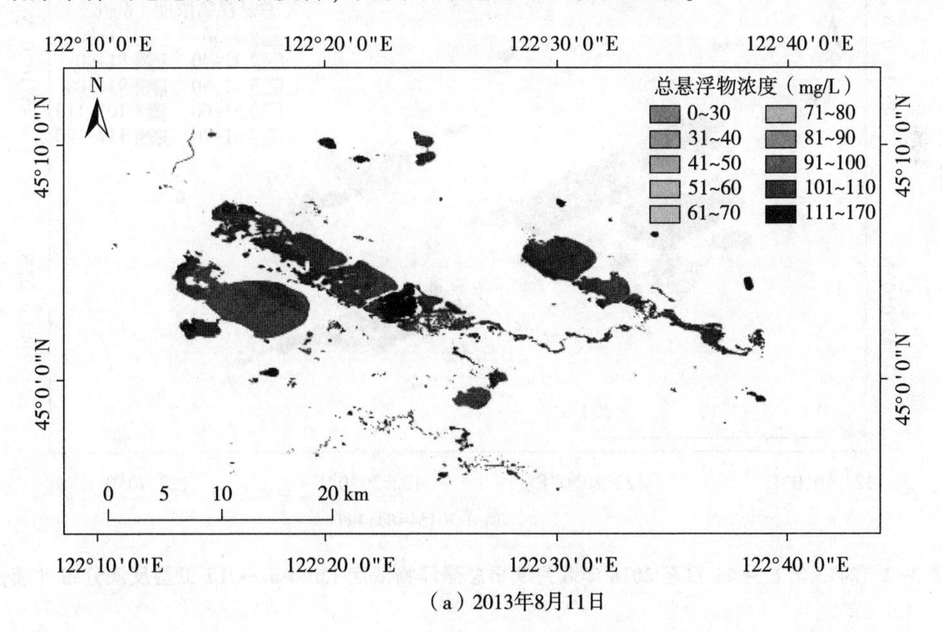

（a）2013年8月11日

图 3-2 2013 年 8 月 11 日至 2018 年 8 月 9 日总悬浮物浓度 Landsat-OLI 卫星反演分布

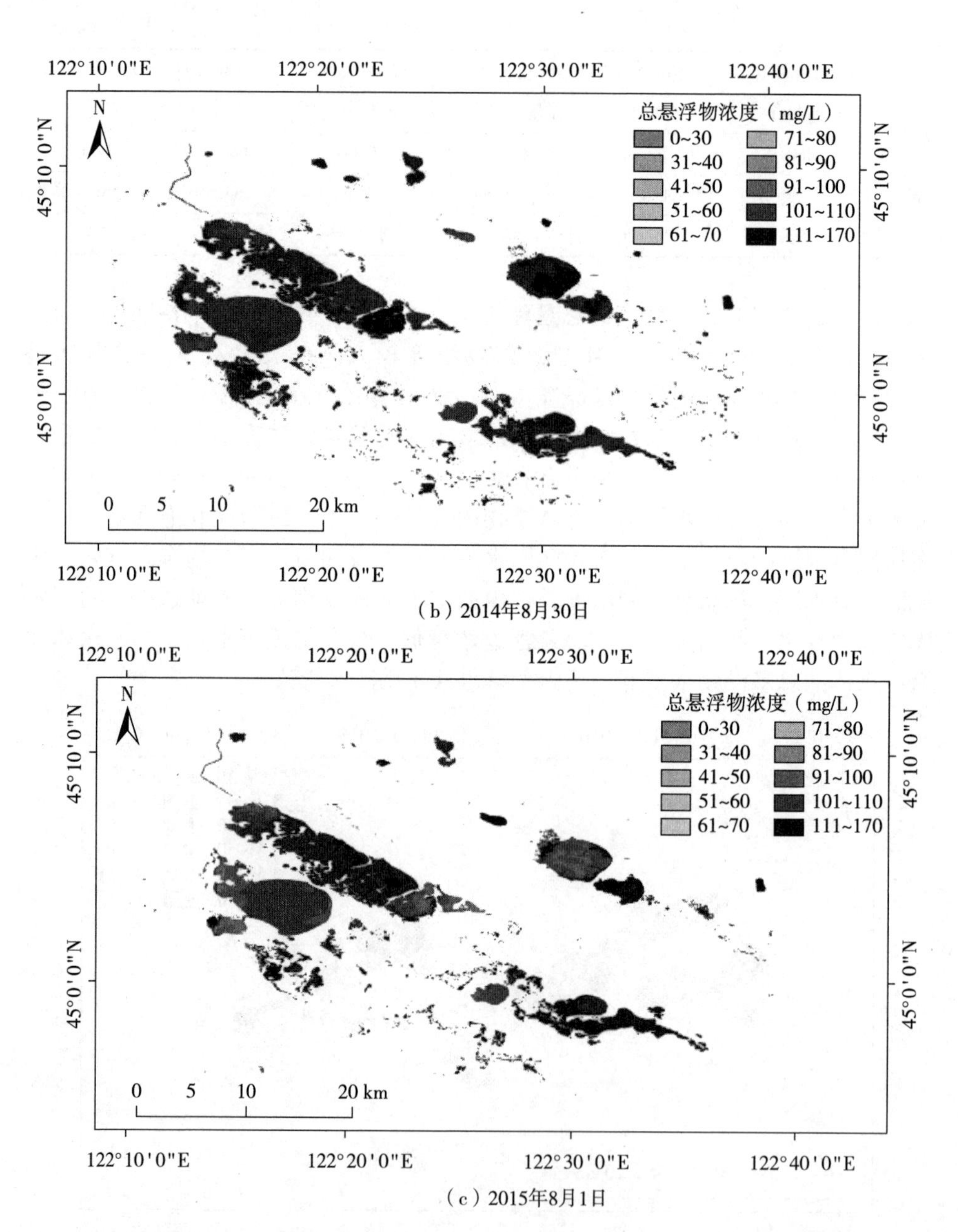

（b）2014年8月30日

（c）2015年8月1日

图 3-2　2013 年 8 月 11 日至 2018 年 8 月 9 日总悬浮物浓度 Landsat-OLI 卫星反演分布（续）

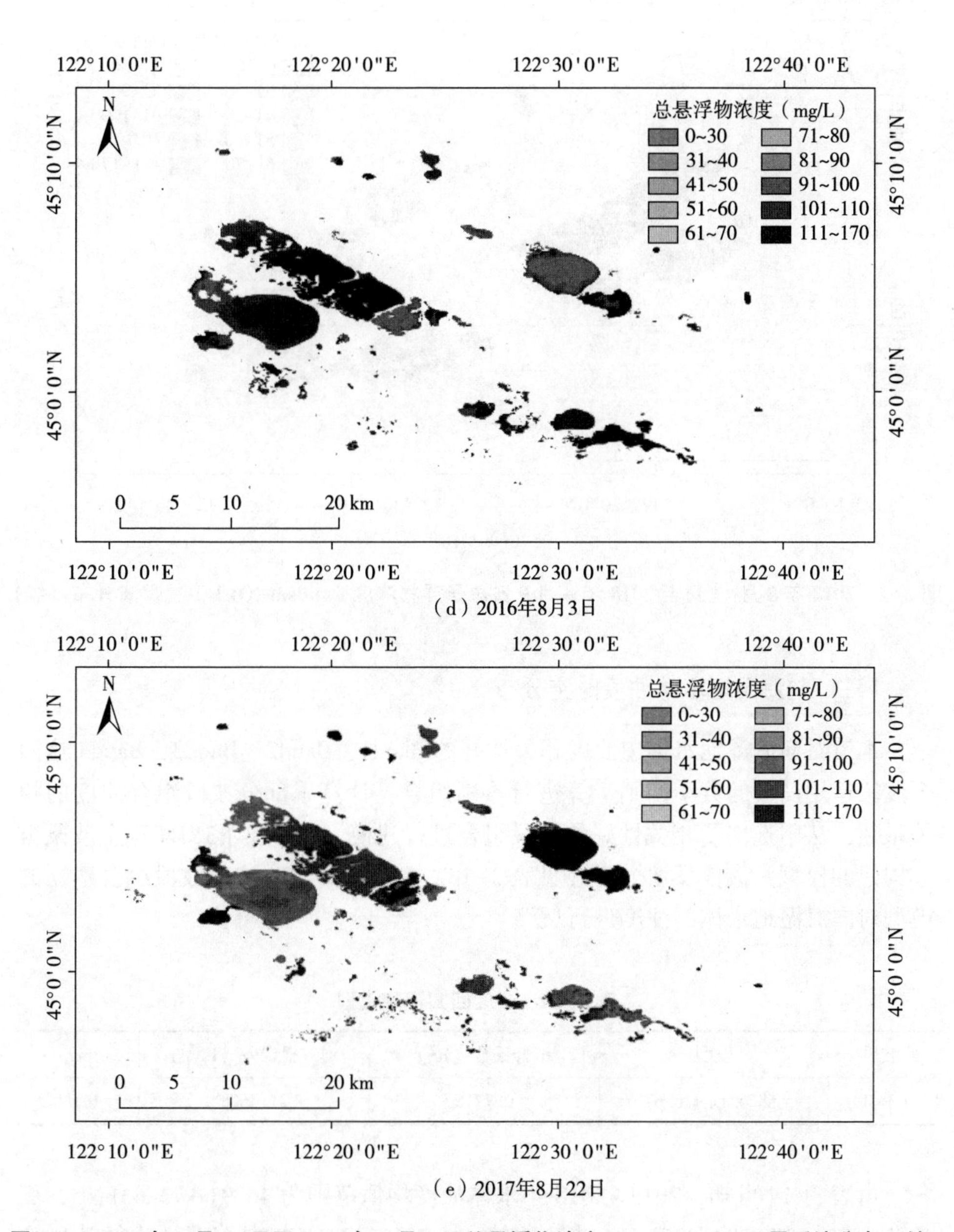

（d）2016年8月3日

（e）2017年8月22日

图 3-2　2013 年 8 月 11 日至 2018 年 8 月 9 日总悬浮物浓度 Landsat-OLI 卫星反演分布（续）

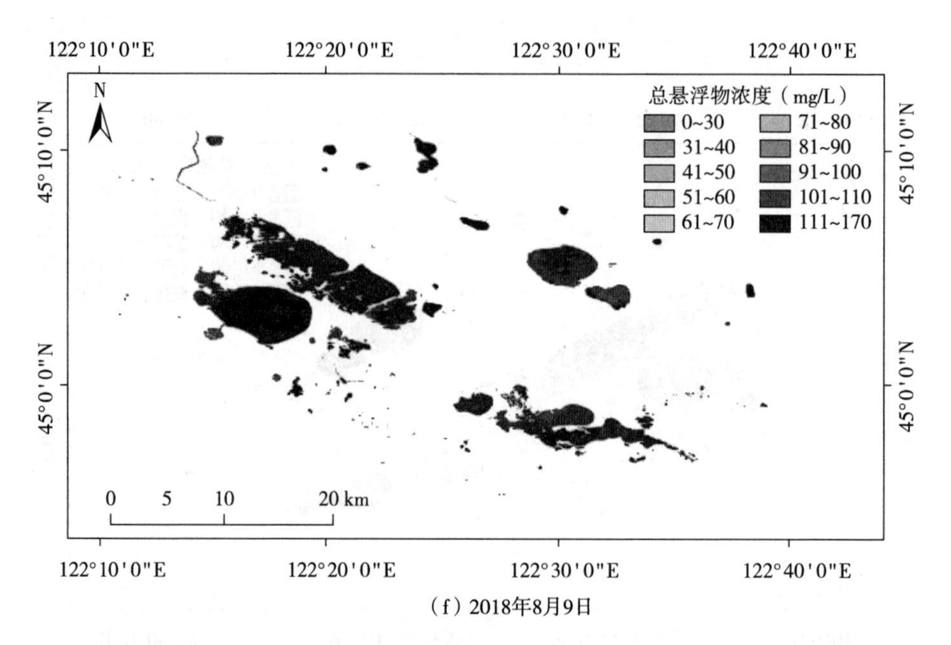

（f）2018年8月9日

图 3-2　2013 年 8 月 11 日至 2018 年 8 月 9 日总悬浮物浓度 Landsat-OLI 卫星反演分布（续）

（三）向海湿地水体浊度时空分布

本节对向海湿地水体中浊度相关性好的 Band1、Band2、Band3、Band4 这四个波段运用简单的数学四则运算进行重新组合，计算了部分波段组合浊度的相关系数，从中选出了相关性好的波段组合进行建模，选择出 B3×B4 这个波段组合构建的模型为最佳反演模型（见表 3-13）。利用 B3×B4 这个波段组合建立的模型对向海湿地水体的浊度进行反演。

表 3-13　浊度回归预测模型

波段	模型	拟合系数（R^2）	均方根误差（FNU）	Sig.
B3×B4	y = 5826. 1x + 8. 6757	0. 7718	21. 4608	0. 00

由表 3-14 可知，2013~2018 年水体浊度均值范围为 46. 91~73. 63FNU，变化范围在 6. 07~334. 82FNU，波动比较大。2013~2018 年向海湿地水体浊度变化趋势为 2013~2017 年呈上升趋势，2018 年骤然降低，与叶绿素 a 浓度和总悬浮物浓度变化趋势相一致。2017 年向海湿地水体浊度达到最大值为 73. 63FNU，

2018 年达到最小值为 46.91FNU。

表 3-14　2013 年 8 月 11 日至 2018 年 8 月 9 日向海湿地水体浊度

单位：FNU

时间	2013 年 8 月 11 日	2014 年 8 月 30 日	2015 年 8 月 1 日	2016 年 8 月 3 日	2017 年 8 月 22 日	2018 年 8 月 9 日
均值	55.35	49.61	56.00	54.92	73.63	46.91
最大值	324.16	298.06	216.41	334.82	287.23	261.42
最小值	17.89	10.51	8.53	9.41	11.59	6.07

由图 3-3 可知，向海水库一场在 2017 年浊度最大，其次是 2015 年，其余年份变化不大，比较稳定。向海水库二场东南角水体的浊度变化趋势为：2013~2016 年逐渐减小，2017 年增大，2018 年又减小。2013 年大肚泡较为清澈，浊度在 30FNU 以下，2015 年浊度在 90FNU 左右，2017 年浊度达到最大值为 120FNU，水体非常浑浊。2017 年兴隆水库水体比较浑浊，其余年份变化梯度不大，水体较为清澈。从空间分布上看，向海湿地水体中浊度较高的地区位于大肚泡、零星分布在居民点附近的小水泡、向海水库一场西北沿岸水体以及向海水库二场东南方向的水域。向海水库一场浊度整体向西北方向逐渐增加；向海水库二场中部水体的浊度低，变化梯度也不大，东南角的水域偏高。水体中心区域的浊度比岸边低。整体来看，向海湿地水体较为浑浊。

四、驱动力分析

影响水体水质变化一般有两种驱动因子：自然因素和人类活动因素（Woodrey 等，2012）。2013~2018 年向海湿地水体中叶绿素 a、总悬浮物浓度和浊度三个水质参数浓度的变化趋势先增加后降低。其中，2017 年水体的水质状况最差，2018 年水体水质状况最好。

（一）自然因素

一般来说，影响水体水质参数变化的因素有气温、降水量、水温、风速、风向、水体周围土地类型变化等（Kissoon et al.，2015）。在内陆水体中，影响叶绿素 a 浓度或者藻类的生长有许多因素，如气象因素（气温、降水等）、水动力条件、营养盐等（刘堂友等，2004）。温度对叶绿素 a 浓度具有重要影响

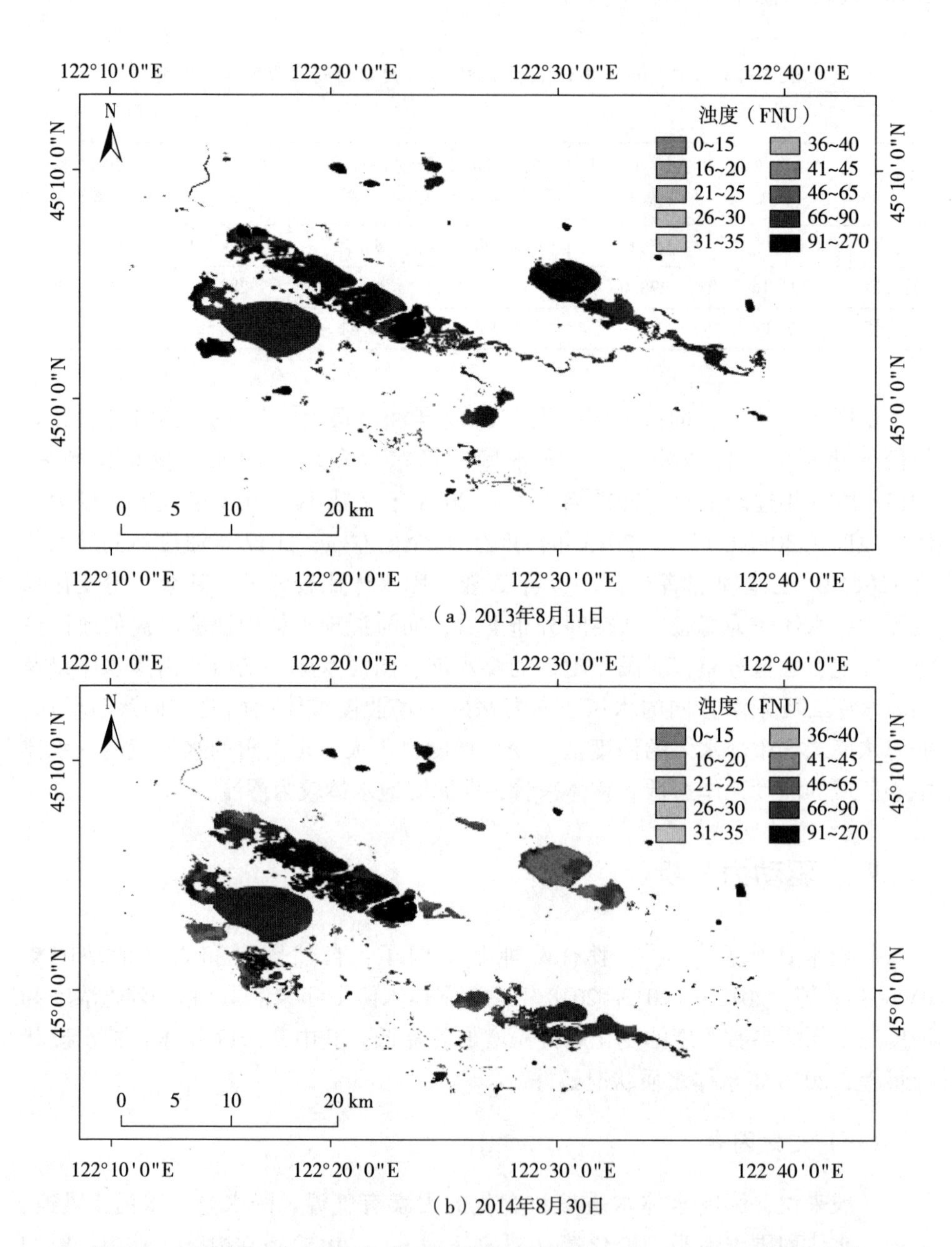

图 3-3　2013 年 8 月 11 日至 2018 年 8 月 9 日浊度 Landsat-OLI 卫星反演分布

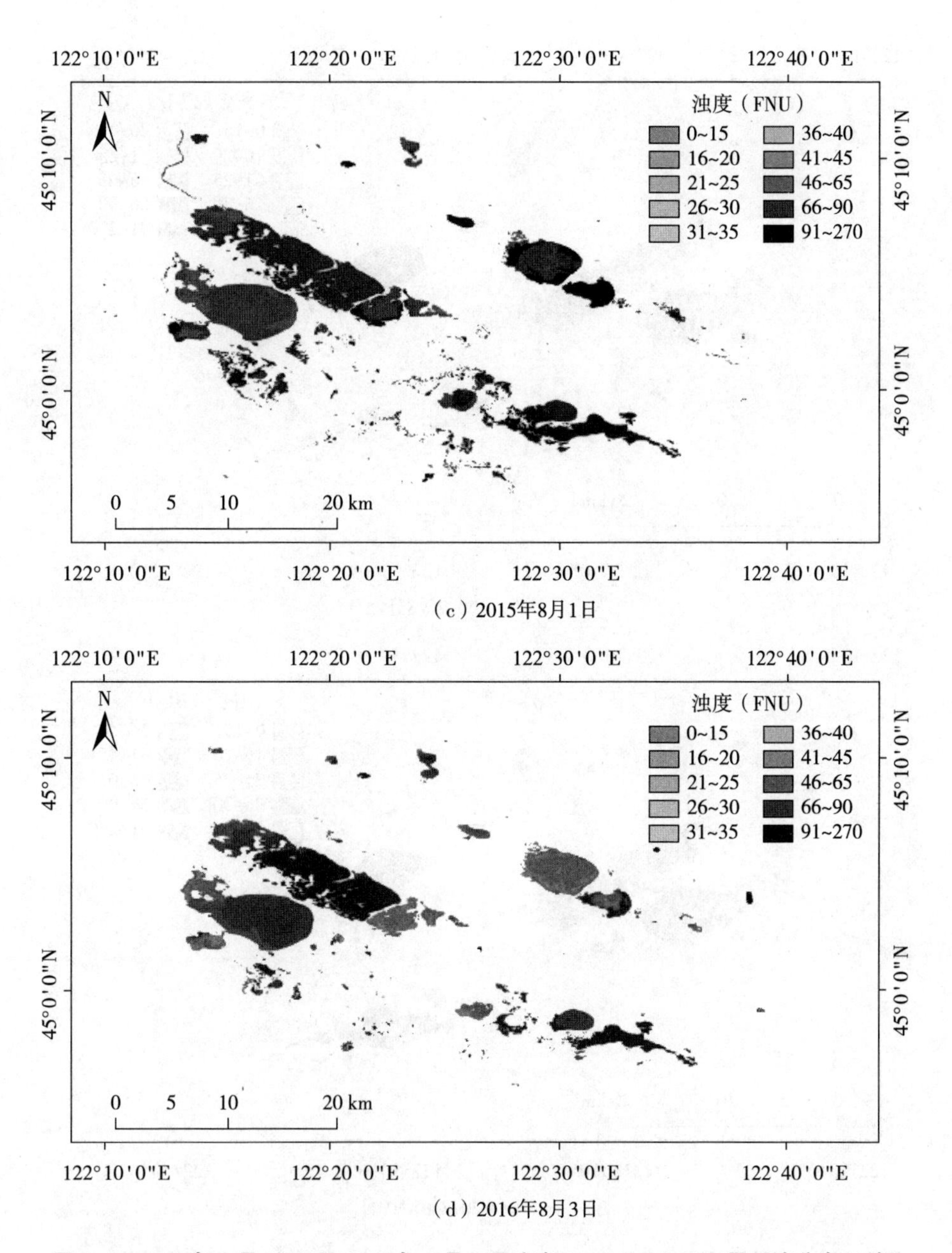

图 3-3 2013 年 8 月 11 日至 2018 年 8 月 9 日浊度 Landsat-OLI 卫星反演分布（续）

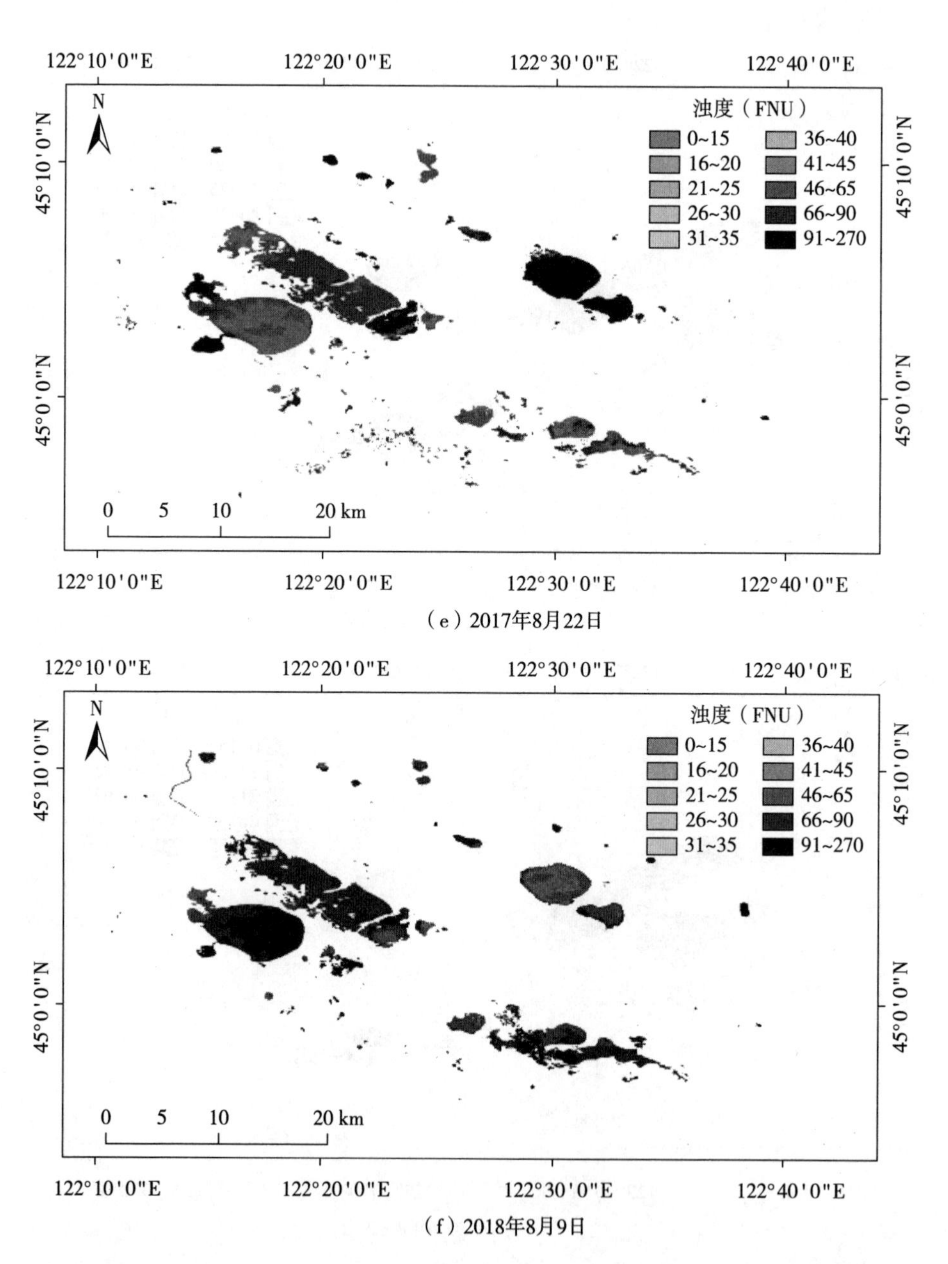

（e）2017年8月22日

（f）2018年8月9日

图 3-3　2013 年 8 月 11 日至 2018 年 8 月 9 日浊度 Landsat-OLI 卫星反演分布（续）

（刘剋等，2005）。藻类植物季节性的生长以及季节性的大气降水会影响总悬浮物和浊度的浓度和分布（刘阁等，2017）。向海湿地水体中叶绿素 a 浓度与水中浮游植物含量密切相关，植物降解后叶绿素被释放到水体中。影响总悬浮物的因素有气温、季节性降水、风速、风向等。水体的浑浊程度与陆源物质的流入量有关，大气降水使大量的泥沙和其他陆源物质流入水体中，增加水体中总悬浮物的浓度和浊度。

为了研究气候变化对向海湿地水体水质变化的影响，本节对吉林省白城站 2013~2018 年 6~8 月的平均气温和降水量进行研究，气候数据来源于中国气象数据网（http：//data. cma. cn/）。从图 3-4 中可以看出，2013~2018 年 6~8 月气温整体呈现上升趋势，降水量呈现“V”形趋势，先减少后增加，气候呈现暖干趋势，其中 2013 年气温最低，降水量最大，蒸发量小，对应的水质也较好；2017 年气温高，蒸发量大，降水较少，2017 年水质状况最差。

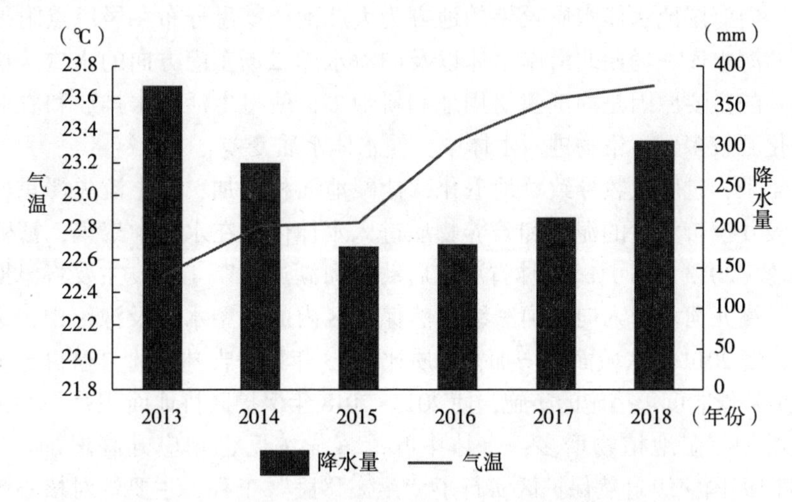

图 3-4 白城站 2013~2018 年 6~8 月平均气温和降水量

（二）人类活动因素

影响水体水质的人类活动因素一般有：水体周围土地利用类型变化、人口数量、化肥使用情况、放牧以及政策等。人类活动在向海湿地水体水质变化中起着重要作用。

水体周围的土地类型变化会影响水体水质，向海国家级自然保护区属于典型的草原—沼泽湿地地貌，水体周围沼泽湿地非常多，生长着大量的芦苇、香蒲等大型挺水植物，向海湿地水体呈碱性，pH 值的范围为 8. 3~8. 6。2013~

2018 年，受退耕还湿和河湖连通工程的影响，向海沼泽湿地呈现增加趋势，沼泽湿地的增加造成水体中的浮游植物的增加，使得水体中叶绿素 a 浓度增加，浮游植物通过自身的降解使得水体中总悬浮物浓度和浊度也升高。在气候暖干化的背景下，向海湿地水体面积也在波动减少，水质参数浓度将会更高。随着向海国家级自然保护区人口的增多，建筑用地也逐渐增多，从而导致水体水质恶化。2013~2018 年向海建设用地的增加，水体水质变差，离居民点越近，水体的水质越差，流入水体中的陆源富营养物质（污染水、化肥等）比较多并且很难排出，水体中过多的氮、磷使得藻类植物迅速繁殖，叶绿素 a 含量会相对多一些，水体底部泥沙涌动，表层的水体浊度升高。耕地多容易发生水土流失，化肥等污染物会随着雨水一起流入水体中，影响水体水质。6 月一般为农耕时期，使用化肥比较多，经过大气降水，一部分化肥随着雨水流入水体中，水体水质变差。9 月末已经进入秋季，农耕基本完成，化肥使用大大减少，水质比夏季好。向海湿地水体水质较差的地方为大肚泡、零星分布在居民点附近的小水泡、向海水库一场西北沿岸水体以及向海水库二场东南方向的水域。这些地点水质差的主要原因是周围建筑用地和耕地多，使得生活污水排放和农业生产使用的化肥较多，污染物进入水体中，使水体水质变差。

近年来，过度放牧导致草地退化，盐碱地面积增加，水土流失严重，雨水冲刷地表并携带大量的泥沙和营养物质进入水体内，在水体中聚集，富营养化程度加速。2013 年 6 月，吉林省决定启动“河湖连通”工程，主要将汛期中的霍林河、洮儿河水引入向海国家级自然保护区内的大型水库及泡沼中，进行生态补水，使 2014 年水域面积增加，水质比 2013 年好。吉林省的“退耕还湿”政策、耕地补偿制度等措施的实施，使 2013~2018 年保护区耕地面积减小，沼泽湿地面积增加，湿地植物增多，水体中叶绿素 a 浓度也相应升高增加。2016~2017 年向海国家级自然保护区实行了“生态移民”工程，主要针对核心区及缓冲区的违建用地进行强制性拆除，对居民进行的有效安置，该工程从 2017 年逐渐开始实施，2018 年基本完成，这使得向海国家级自然保护区 2018 年人类活动骤然减少，因而造成 2017 年水质最差，2018 年水质较好。2013~2017 年向海国家级自然保护区的水质状况呈现恶化趋势，其中 2013~2016 年水质变化是由于气温升高、蒸发量增大、降水量减小，使得水面积减小，同时保护区内建筑用地增加，人类活动增强，自然因素和人类活动因素共同导致水质变差；2017 年水体水质最差主要是自然因素（气温升高、降水量较少、蒸发量最大）导致的，2018 年水体水质最好的主要原因是向海国家级自然保护区的核心区和缓冲区人类活动减少。

本章小结

本章通过现场实际观测和实验室测试，结合遥感影像，以及气象台的气象数据，对向海国家级自然保护区湿地的小气候效应及湿地水质的时空变化规律进行研究，结果表明：

（1）通过向海湿地与通榆县的气象因素对比分析表明，生长季（5~9 月）期间向海国家级自然保护区湿地具有明显的小气候效应。向海国家级自然保护区湿地的地表温度明显低于通榆县的地表温度，两者在生长季（5~9 月）相差 5.67℃，向海国家级自然保护区湿地的地表温度比通榆县的地表温度低 23%；向海国家级自然保护区湿地的相对湿度明显高于通榆县的相对湿度，两者在生长季（5~9 月）相差 16.05%，向海国家级自然保护区湿地的相对湿度比通榆县的相对湿度高 25.16%；两地生长季期间风速相差较小。

（2）通过野外现场测量表明，向海湿地水体 6~9 月 pH 值介于 8.03~9.91，平均值为 8.73，明显呈碱性。向海湿地水体 6~9 月 pH 值呈先减少后增加的趋势；向海湿地水体 6~9 月溶解氧介于 3.58~9.37mg/L，平均值为 6.30mg/L，向海湿地水体 6~9 月溶解氧呈逐渐降低的趋势；向海湿地水体 6~9 月叶绿素 a 含量介于 4.98~21.03μg/L，平均值为 14.17μg/L，向海湿地水体 6~9 月叶绿素 a 含量除向海一场为先增加后降低的趋势外，均为呈逐渐升高的趋势；向海湿地水体 6~9 月浊度介于1.98~131.90 NTU，变化较大，平均值为 74.92NTU，向海湿地水体 6~9 月浊度除向海一场为先增加后降低的趋势外，其他均为呈逐渐升高的趋势；向海湿地水体 6~9 月总溶解固体介于 0.04~2.02mg/L，平均值为0.66mg/L，从月际变化来看，向海湿地水体 6~9 月总溶解固体呈逐渐增加的趋势。

（3）通过 Landsat-OLI 遥感影像对水质参数反演表明，2013~2018 年向海湿地水体中叶绿素 a、总悬浮物浓度和浊度三个水质参数浓度的变化趋势为先增加后降低。其中，2017 年水体水质状况最差，叶绿素 a 浓度、总悬浮物浓度、浊度分别为 32.38μg/L、68.74mg/L、73.63FNU；2018 年水体水质状况最好，叶绿素 a 浓度、总悬浮物浓度、浊度分别为 21.43μg/L、52.04mg/L、46.91FNU。2018 年 6 月各水质参数浓度比 9 月大，夏季水体水质状况比秋季差。向海湿地水体各水质参数浓度较高的部分为大肚泡及其旁边的水泡、向海一场水库西北方向沿岸水体以及西偏南方向的一个小水泡、向海二场东南方向的水域和兴隆水库西部的小部分水域。水体中心区域比沿岸水质参数浓度低。

（4）向海湿地水质变化主要是由气温、降水量、水温、水体周围土地类型变化以及人类活动等因素综合影响。2013～2016 年水质呈现恶化趋势是由自然因素（气温升高、蒸发量增大、降水量减小）和人类活动因素（水面积减小、建筑用地增加）共同影响，2017 年水体水质最差主要是自然因素（气温升高、降水量较少、蒸发量最大）导致的，2018 年水体水质最好的主要原因是向海国家级自然保护区的核心区和缓冲区人类活动减少。

湿地生物多样性变化

盐沼湿地具有抵御风暴潮灾害、净化污染物和为珍稀濒危生物提供适宜生境等重要的生态和经济价值。吉林向海国家级自然保护区动植物资源丰富，其中有国家级保护动物50余种，该保护区在湿地生态环境及珍稀野生动植物资源方面都发挥着重要作用，是东北地区乃至全国自然保护事业的重要组成部分，具有特别重要的地位。

本章在对吉林向海国家级自然保护区的植物多样性和湿地鸟类多样性进行研究的基础上，探讨内陆盐沼湿地植物对干扰的响应机制，以及景观类型对湿地鸟类群落物种组成及其多样性的影响，为湿地生物多样性的保护与管理提供科学依据。

第一节　湿地植物多样性

湿地植物在湿地生态系统结构方面起着重要作用，是湿地三大要素之一（William 等，2001），是发挥湿地生态功能的重要参与者（Lv and Jiang，2004；吕宪国等，2004；何池全、赵魁义，2001；彭少麟等，2005；林万涛，2005）。我国学者对湿地植物多样性进行了大量研究，如娄彦景等（2006）对三江平原湿地典型植物群落物种多样性研究，孙菊等（2010）对大兴安岭冻土湿地植物群落结构的环境梯度分析，赵海莉等（2013）对黑河中游湿地典型植物群落特征与物种多样性的研究。研究湿地植物多样性的过程中，因湿地生态系统内部环境复杂多变，自然因素和人为因素对湿地植被的干扰也极为复杂，但自然因子与人为因子因环境的整体性和规律性却大同小异。在干扰湿地植物变化的自然因子中，主要是水文因素，人为干扰因子可改变湿地内部的稳定性，对湿地植物的分布规律也会产生重大影响。

一、样地设置与研究方法

（一）样地设置

1. 水分梯度下的样地设置与调查

2015 年 8 月、2016 年 7~9 月，在植物生长旺季利用土壤水分仪测量土壤水分变化，根据土壤水分变化在样地内设置样线，进行植物群落物种调查，阶梯式的土壤水分在样线中构成了一个典型草甸—沼泽化草甸—沼泽的梯度带，其中草甸的土壤水分含量在 13.8%以下，沼泽化草甸的土壤水分含量为 13.8%~40.31%，而沼泽的土壤水分含量为 40.31%~70.2%。三个梯度带共设置 1m×1m 的植物样方 60 个。记录每个样方植物物种的名称、个数、盖度、高度、地貌部位、水源补给状况、排水状况等环境因子。通过 GPS 实地调查获取各样地的经度、纬度和海拔高程。

2. 人为干扰下的样地设置与调查

2017 年 7~9 月，在植物生长旺季吉林省西部向海国家级自然保护区选择三种不同人为干扰生境，在缓冲区、实验区之间根据人为干扰变化设置样线，进行植物群落物种调查，阶梯式的干扰在样线中构成了一个低干扰区—中干扰区—强干扰区的梯度带，低干扰区水域多人烟稀少，长期处于无人放牧和耕作状态，在缓冲区内缘及核心区边界地带，强干扰区在多年种植农田附近，是保护区外围及实验区，中干扰区则是低干扰区和强干扰区的过渡地带。低干扰区、中干扰区和强干扰区的样地内设置样线进行植物群落调查，构成了一个人为干扰梯度带，三个梯度带共设置 1m×1m 的植物样方 60 个。调查方法与水分梯度下的样方调查方法一致。

（二）研究方法

从自然干扰的角度，将吉林向海国家级自然保护区划分为典型草甸、沼泽化草甸和沼泽三种类型。从人为干扰的角度，将吉林向海国家级自然保护区划分为低干扰区、中干扰区、强干扰区三种类型。分别利用公式及基础数据计算吉林向海国家级自然保护区盐沼湿地植物多样性的 α 多样性及 β 多样性。α 多样性是刻画植物群落结构组成的重要指标（Magurran，1988），β 多样性是在两个样方之间的相互比较，可以用来指示各点位内生境的异质性（张亮等，2008；李瑞等，2009）。α 多样性包括：物种的丰富度指数、Shannon-wiener 多样性指数、多样性 Simpson 指数、Pielou 均匀度指数。β 多样性包括 Jaccard 指数、

Sörenson 指数。

统计方法如下：

1. α 多样性

（1）物种重要值 IV。

$$IV = 1/3（相对密度+相对盖度+相对频度） \tag{4-1}$$

重要值 IV 为评价某种植物在湿地植物群落中作用的综合型数量指标，该值可以反映植物与环境的关系。

（2）物种丰富度指数。

$$R = S \tag{4-2}$$

式中，S 为每个样地出现的物种数。

（3）Shannon-wiener 多样性指数 H′。

$$H' = -\Sigma P_i \ln P_i \tag{4-3}$$

式中，P_i为第 i 种植物的重要值。

（4）Simpson 多样性指数 D。

$$D = \Sigma P_i^2 \tag{4-4}$$

（5）Pielou 均匀度指数 E。

$$E = H'/\ln S \tag{4-5}$$

2. β 多样性

（1）Jaccard 指数 C_j。

$$C_j = j/（a+b-j） \tag{4-6}$$

（2）Sörenson 指数 C_s。

$$C_s = 2j/（a+b） \tag{4-7}$$

式中，a、b 为两群落物种数；j 为两群落共有物种数。

二、自然干扰下湿地生态系统中植物群落物种多样性

（一）植物群落的物种组成

典型草甸、沼泽化草甸和沼泽的主要植物物种空间分布如图 4-1 所示。

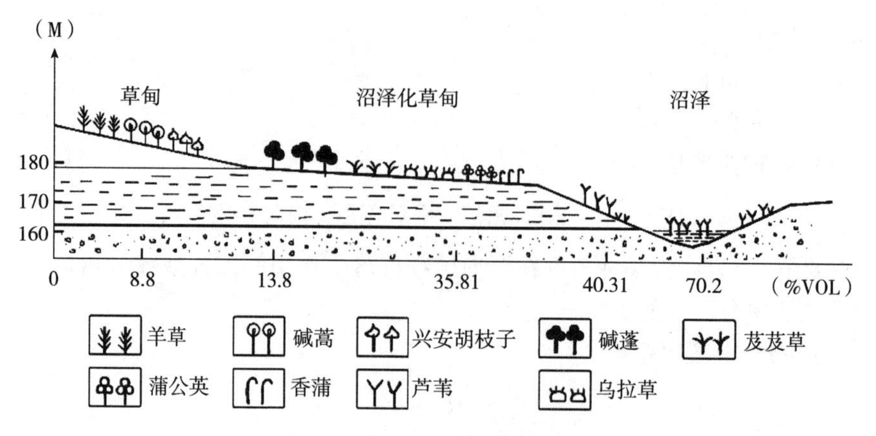

图 4-1　主要植物物种空间分布

沼泽样地有植物 6 种，植物群落以芦苇（*Phragmites australis*）和香蒲（*Typha orientalis*）为优势种（见表 4-1），小眼子菜（*Potamogeton pusillus*）、水葱（*Scirpus validus*）、藨草（*Scirpus triqueter*）和穗状狐尾藻（*Myriophyllum spicatum*）等为伴生种。主要植物群丛有芦苇-香蒲群丛（*Ass. Phragmites australis-Typha-orientalis*），水葱-藨草群丛（*Ass. Scirpus validus-Scirpus triqueter*），芦苇-水葱-香蒲群丛（*Ass. Phragmites australis-Scirpus validus-Typha orientalis*），芦苇-穗状狐尾藻-小眼子菜群丛（*Ass. Phragmitesaustralis-Myriophyllum spicatum-Potamogeton distinctus*）（"+"表示优势种，"-"表示伴生种，下同）。

表 4-1　典型草甸、沼泽化草甸和沼泽植物群落主要物种的重要值

典型草甸		沼泽化草甸		沼泽	
物种	重要值（%）	物种	重要值（%）	物种	重要值（%）
羊草	46.21	碱蓬	45.04	芦苇	80.6
乌拉草	19.42	乌拉草	10.28	香蒲	5.23
兴安胡枝子	10.35	羊草	8.65	水葱	3.74
硬拂子茅	7.80	芨芨草	7.92	藨草	3.12
斜茎黄芪	6.57	风毛菊	5.36	小眼子菜	1.59

沼泽化草甸样地有植物 15 种，植物群落以碱蓬（*Suaeda glauca*）和乌拉草（*Carexmeyeriana*）为优势种（见表 4-1），羊草（*Leymus chinensis*）、芨芨草（*Achnatherum splendens*）、风毛菊（*Saussurea japonica*）、野韭菜（*Allium thunbergii*）等为

伴生种。主要群丛有碱蓬+芨芨草（*Ass. Suaeda glauca +Achnatherum splendens*）群丛，羊草+野韭菜-风毛菊群丛（*Ass. Leymus chinensis + Allium tuberosum-Saussurea japonica*），碱蓬+西伯利亚蓼-蒲公英群丛（*Ass. Suaeda glauca+ Polygonum sibiricum-Taraxacummongolicum*）。

典型草甸样地有植物21种，植物群落以羊草（*Leymus chinensis*）和乌拉草（*Carexmeyeriana*）为优势种（见表4-1），碱蒿（*Artemisia anethifolia*）、兴安胡枝子（*Lespedeza daurica*）、斜茎黄芪（*Astragalus adsurgens*）等为伴生种。主要植物群丛有羊草+碱蒿群丛（*Ass. Leymus chinensis+Artemisia anethifolia*），羊草-乌拉草-兴安胡枝子群丛（*Ass. Leymus chinensis-Carexmeyeriana-Lespedeza daurica*），羊草+黄芪蒿群丛（*Ass. Leymus chinensis+Astragalus*），芦苇+花旗杆-黄芪蒿群丛（*Ass. Phragmites australis+Dontostemon dentatus-Astragalus*）。

（二）植物群落的α多样性

沼泽、沼泽化草甸和典型草甸的植物物种丰富度分别是6种、15种和21种。由沼泽到典型草甸，植物的物种多样性逐渐增加，而Shannon-wiener多样性指数也随之增加，由1.443逐渐增加到1.921，而Simpson优势度指数逐渐降低，由0.806逐渐降低到0.625（见图4-2）。由沼泽到典型草甸Pielou均匀度指数呈先减少后增加的趋势，草甸的Pielou均匀度指数最大为0.907，最小为0.801。

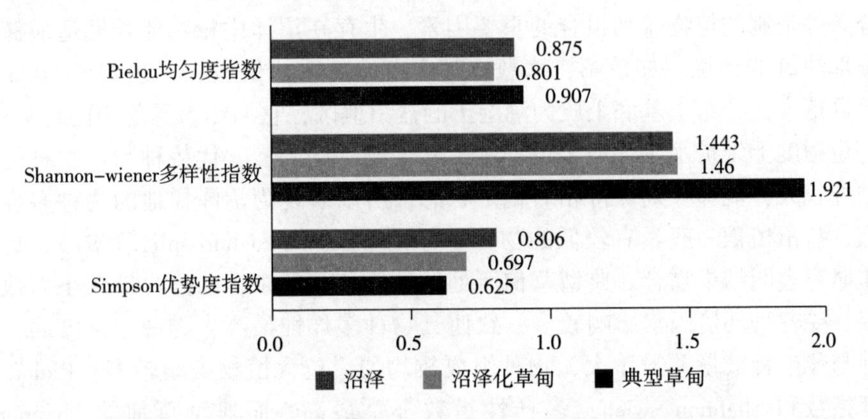

图4-2　向海国家级自然保护区草甸、沼泽化草甸、沼泽样地植物群落的α多样性

（三）植物群落的β多样性

用相似性系数衡量不同群落或者不同生境之间的β多样性，相似性系数的衡量也同时考虑了各物种的丰富度及内在联系。由表 4-2 可以看出典型草甸与沼泽化草甸植物群落差异不大，Jaccard 指数为 0.33，Sörenson 指数为 0.50。从物种组成上看，两群落的优势种的重复率很高，羊草、芦苇、乌拉草、碱蓬占有很大比重。沼泽与其他两种植物群落的 Jaccard 指数和 Sörenson 指数很小，都小于 0.3，说明沼泽与典型草甸及沼泽化草甸植物群落差异较大。

表 4-2 向海国家级自然保护区典型草甸、沼泽化草甸、沼泽样地植物群落的 β 多样性

指数	调查点	典型草甸	沼泽化草甸	沼泽
Jaccard 指数	典型草甸	0	0.33	0.13
	沼泽化草甸	—	0	0.18
	沼泽	—	—	0
Sörenson 指数	典型草甸	0	0.50	0.30
	沼泽化草甸	—	0	0.23
	沼泽	—	—	0

（四）讨论

α 多样性是刻画植物群落结构组成的重要指标（Magurran，1988）。本书中水分条件是制约植物排列组合的重要因素，生存在沼泽中植物能长期适应淹水或根部缺氧的环境，如芦苇、水葱，其中芦苇的重要值较大，达到了 80.6%。芦苇群落广泛分布于基底土质为潮湿土的盐沼地区，它们作为群落中的优势种，在一定程度上维护水生环境，也抑制了其他物种的入侵，优势种与伴生种的数量差异较大，能够长期保持相对稳定状态，所以表现为沼泽样地的物种多样性最低，盐沼植被一般具有较低的物种多样性（Sril and Ghorbanli，1997），这与以往研究表明结果吻合。典型草甸所处的环境较为复杂，水分含量较小而盐碱较多，受各种环境因素影响较多，致使其物种多样性最高，物种丰富度高，优势种与伴生种数量差异不大，物种组成较均匀，包含植物类型较多，Pielou 均匀度指数和 Shannon-wiener 多样性指数都是最高，而典型草甸的 Shannon-wiener 多样性指数与 Simpson 优势度指数的分析结果呈负相关，这正是均匀度较大的体现。在沼泽化草甸中，随着水分的增多有大量中生和旱生植物的入侵，所以沼泽化草甸的物种多样性高于沼泽。沼泽化草甸中碱蓬的重要值达到 45.04%，而沼泽化草甸的均匀度最低，这与该群落中各群丛优势种的重要值偏高有关。以上结果表明，典型草甸的 α 多样性最大，其次为沼泽化草甸，沼泽的 α 多样性最小。这与不同干扰下兴凯湖湿地植物群落的物种多样性研究结果基本吻合（李融等，2011）。

β 多样性是在两个样地之间的相互比较，可以用来指示各点位内生境的异质性（张亮等，2008），样方的选择由草甸→沼泽化草甸→沼泽的干湿梯度变化趋势。从数据现实来看，水生植物与陆生植物的差异性很大，说明生境对植物群落物种多样性有很大的影响。由于土壤水分的差异，造成水分条件的不同，从而导致了植物组成的不同。草甸与沼泽化草甸植物群落类型更为相似，在重要值前 5 位的物种中，有 2 种相同物种。Jaccard 指数为 0.33，而 Sörenson 指数为 0.5。从物种组成上看，所调查的草甸植物群落的植物数量为 21，沼泽化草甸的植物数量为 15，共同物种为 4 种。羊草、碱蓬等优势物种占有很大比重，其优势种的植物类型也很相似。它们在群落组成上有一定的内在联系。

本章研究分析了样区内三个样地调查点植物群落的物种多样性状况，沼泽湿地的植物群落多样性最低，这表明植物群落的多样性与稳定性之间关系较复杂，特别是盐碱沼泽的植物群落越稳定则物种组成越单一。向海国家级自然保护区地处内蒙古高原和东北平原的过渡地带，湿地水文受河流补给和降水直接影响，故植被的季节变化有较大波动，而湿地植物的演替受土壤含水量的直接影响，向海国家级自然保护区典型盐沼植物群落组成及物种多样性的梯度变化格局是湿地植物群落沿水文梯度格局变化的缩影，从其植被空间演替过程来看，水分条件是制约湿地植物群落结构的最基本因素（Zedler，2000）。纬度较高的地区气候复杂多变，一般来说，植物的遗传多样性大，适应范围也较大，同时，物种分布范围的重叠程度也随纬度升高而增大。目前，对于植物多样性与内陆地区盐沼的研究较少，世界各地不同盐沼植物群落带状分布格局也呈现出不同的特点，盐沼中物种间的相互作用也同样存在着地理变异（Bertness et al.，2002）。

总的来说，保护区内样地的植物群落分布规律受水文变化的直接影响，是植物空间分异的决定因素。由于水分的演变，湿地日益干燥，沼泽将向草甸化沼泽演化，草甸化沼泽将向草甸演化，保护区各个湿地植物群落的多样性水平不高，且湿地向陆地系统过渡的趋势较强，这与沿黄河下游湖泊湿地植物群落演替及其多样性的研究（韦翠珍等，2011）结果保持一致。其中，随着盐沼土壤水分增多植物物种多样性减少，而与 Shannon-wiener 指数、Simpson 指数和 Pielou 均匀度指数各有差异，这与盐梯度下艾比湖湿地植物多样性响应及土壤因子驱动（马玉等，2015）研究结果不一致，表明盐沼与其他沼泽的植物多样性规律不尽相同。

三、人为干扰下湿地生态系统中植物群落物种多样性

（一）植物群落的物种组成

如表 4-3 所示，对样地内通过样方所调查的植物物种进行统计，共发现植物 62 种，分属 27 科，其中菊科 12 种，占全部种类的 19.35%；其次为豆科 9 种，占全部种类的 14.52%；再次为禾本科 7 种，占全部种类的 11.29%；最后依次为藜科 6 种，莎草科 3 种，蓼科 2 种，十字花科 2 种，毛茛科 2 种，香蒲科 1 种，眼子菜科 1 种，小二仙草科 1 种，百合科 1 种，桑科 1 种，紫薇科 1 种，旋花科 1 种，茜草科 1 种，苋科 1 种，萝藦科 1 种，蔷薇科 1 种，伞形科 1 种，玄参科 1 种，茨藻科 1 种，泽泻科 1 种，花蔺科 1 种，大戟科 1 种，睡莲科 1 种，槐叶萍科 1 种。

表 4-3　调查样地内湿地植物种类

<table>
<tr><td rowspan="16">被子植物</td><td rowspan="9">豆科</td><td>兴安胡枝子</td><td rowspan="2">胡枝子属</td></tr>
<tr><td>尖叶胡枝子</td></tr>
<tr><td>米口袋</td><td>米口袋属</td></tr>
<tr><td>牧马豆</td><td>野决明属</td></tr>
<tr><td>斜茎黄耆</td><td rowspan="2">黄耆属</td></tr>
<tr><td>黄耆</td></tr>
<tr><td>甘草</td><td>甘草属</td></tr>
<tr><td>黄花草木犀</td><td>草木犀属</td></tr>
<tr><td>扁蓿豆</td><td>扁蓿豆属</td></tr>
<tr><td rowspan="7">禾本科</td><td>芦苇</td><td>芦苇属</td></tr>
<tr><td>远东芨芨草</td><td>芨芨草属</td></tr>
<tr><td>硬拂子茅</td><td>拂子茅属</td></tr>
<tr><td>羊草</td><td>赖草属</td></tr>
<tr><td>虎尾草</td><td>看麦属</td></tr>
<tr><td>狗尾草</td><td>狗尾草属</td></tr>
<tr><td>稗</td><td>稗属</td></tr>
</table>

续表

被子植物	菊科	风毛菊	风毛菊属
		蒲公英	蒲公英属
		碱蒿	蒿属
		野艾蒿	
		万年蒿	
		大籽蒿	
		黄花蒿	
		山莴苣	山莴苣属
		旋覆花	旋覆花属
		野蓟	蓟属
		苍耳	苍耳属
		钟苞麻花头	麻花头属
	藜科	碱蓬	碱蓬属
		木地肤	地肤属
		细叶藜	藜属
		大叶藜	
		轴藜	轴藜属
		猪毛菜	猪毛菜属
	香蒲科	香蒲	香蒲属
	眼子菜科	小眼子菜	眼子菜属
	莎草科	水葱	藨草属
		藨草	
		乌拉草	薹草属
	小二仙草科	穗状狐尾藻	狐尾藻属
	百合科	野韭菜	葱属
	蓼科	西伯利亚蓼	蓼属
		木蓼	木蓼属
	桑科	大麻	大麻属

续表

被子植物	十字花科	花旗杆	花旗杆属
		独行菜	独行菜属
	紫葳科	角蒿	角蒿属
	旋花科	田旋花	旋花属
	茜草科	茜草	茜草属
	苋科	苋菜	苋属
	萝藦科	鹅绒藤	鹅绒藤属
	蔷薇科	伏委陵菜	委陵菜属
	伞形科	蛇床	蛇床属
	玄参科	柳穿鱼	柳穿鱼属
	毛茛科	翠雀	翠雀属
		箭头唐松草	唐松草属
	茨藻科	大茨藻	茨藻属
	泽泻科	草泽泻	泽泻属
	花蔺科	花蔺	花蔺属
	大戟科	地锦	大戟属
	睡莲科	睡莲	睡莲属
蕨类植物	槐叶苹科	槐叶苹	槐叶苹属

62种植物种，按属分类共有54属，其中蒿属5种的植物种类最多，占全部属种的9.26%，其次胡枝子属2种，藨草属2种，各占全部属种的3.7%，其余依次为米口袋属1种，野决明属1种，黄芪属1种，甘草属1种，草木樨属1种，扁蓿豆属1种，芦苇属1种，芨芨草属1种，拂子茅属1种，赖草属1种，看麦属1种，狗尾草属1种，稗属1种，风毛菊属1种，蒲公英属1种，山莴苣属1种，旋覆花属1种，蓟属1种，苍耳属1种，麻花头属1种，碱蓬属1种，地肤属1种，藜属1种，轴藜属1种，猪毛菜属1种，香蒲属1种，眼子菜属1种，薹草属1种，狐尾藻属1种，葱属1种，蓼属1种，木蓼属1种，大麻属1种，花旗杆属1种，独行菜属1种，角蒿属1种，旋花属1种，茜草属1种，苋属1种，鹅绒藤属1种，委陵菜属1种，蛇床属1种，柳穿鱼属1种，翠雀属1种，唐松草属1种，茨藻属1种，泽泻属1种，花蔺属1种，大戟属1种，睡莲属1种，槐叶苹属1种。

(二) 主要植物群落特征

低干扰区有植物 10 种，植物群落以芦苇（*Phragmites australis*）和藨草（*Scirpus triqueter*）为优势种。中干扰区有植物 17 种，植物群落以碱蓬（*Suaeda glauca*）和香蒲（*Typha orientalis*）为优势种。强干扰区有植物 29 种，植物群落以羊草（*Leymus chinensis*）和碱蓬（*Suaeda glauca*）为优势种。选取芦苇、香蒲、藨草三种典型植物群落，每个群落选取并编号 10 个有代表性的样方进行统计（见表 4-4）。

表 4-4 典型植物群落主要调查指标

群落类型	编号	地理位置	植物平均高度（cm）	植物盖度（%）	植物生物量（g）
芦苇群落	1	45.0235°N，122.3407°E	48.33	39	288.30
	2	45.0237°N，122.3376°E	60.50	46	287.73
	3	45.0237°N，122.3366°E	67.43	39	303.80
	4	45.0247°N，122.3388°E	68.50	61	331.47
	5	45.0253°N，122.3386°E	69.00	66	365.01
	6	45.0243°N，122.3404°E	69.28	53	315.20
	7	45.1092°N，122.3343°E	79.25	41	398.67
	8	45.0009°N，122.3346°E	83.00	71	412.00
	9	45.0015°N，122.3414°E	223.00	45	804.09
	10	45.0263°N，122.3376°E	230.50	86	790.39
香蒲群落	1	45.0233°N，122.5731°E	52.00	75	201.61
	2	45.0239°N，122.3377°E	69.83	48	185.58
	3	45.0254°N，122.3380°E	125.00	48	432.30
	4	45.0031°N，122.3398°E	115.60	71	905.90
	5	45.0225°N，122.3367°E	119.00	76	807.22
	6	45.0252°N，122.3355°E	110.00	39	1407.00
	7	44.9994°N，122.3339°E	242.75	74	1800.00
	8	44.9992°N，122.1565°E	226.00	72	1789.00
	9	45.0001°N，122.3427°E	286.00	74	2034.00
	10	45.0747°N，122.2961°E	291.00	78	2418.00

续表

群落类型	编号	地理位置	植物平均高度（cm）	植物盖度（%）	植物生物量（g）
藨草群落	1	45.0232°N，122.3402°E	41.25	89	197.35
	2	45.0238°N，122.3372°E	44.33	81	245.90
	3	45.0237°N，122.3367°E	50.33	56	204.00
	4	45.0244°N，122.3400°E	52.80	81	220.66
	5	45.0254°N，122.3380°E	64.00	30	256.90
	6	45.1244°N，122.3343°E	68.00	53	247.40
	7	45.0016°N，122.3353°E	68.00	63	298.30
	8	45.0032°N，122.3397°E	69.50	77	321.40
	9	45.0224°N，122.3366°E	79.00	43	346.00
	10	45.0008°N，122.3349°E	97.00	52	417.00

芦苇群落编号1~6、香蒲群落编号1~2、藨草群落编号1~4样方位于强干扰区：芦苇群落植物平均高度48.33~69.28cm，植物盖度39%~66%，植物生物量287.73~365.01g；香蒲群落的植物平均高度分别是52cm和69.83cm，植物盖度分别是75%和48%，植物生物量分别是201.61g和185.58g；藨草群落植物平均高度41.25~52.80cm，植物盖度是56%~89%，植物生物量是197.35~245.90g。植物盖度与平均高度无显著相关关系，植物生物量大致与植物平均高度呈正相关关系，强干扰区的芦苇群落受到人为放牧干扰较多，植物平均高度较低，牛羊马等以地面植被为食的家畜随处可见，群落稳定性差，生物量小，并已呈现出斑块状裸地。

芦苇群落编号7~8、香蒲群落编号3~6、藨草群落编号5~8样方位于中干扰区：芦苇群落植物平均高度分别是79.25cm和83.00cm，植物盖度分别是41%和71%，植物生物量分别是398.67g和412.00g；香蒲群落植物平均高度110~125cm，植物盖度是39%~76%，生物量是432.30~1407g；藨草群落植物平均高度64.00~69.50cm，植物盖度是30%~77%，植物生物量是247.40~321.40g。

芦苇群落编号9~10、香蒲群落编号7~10、藨草群落编号9~10样方位于低干扰区：芦苇群落植物平均高度分别是223cm和230.5cm，植物盖度分别是45%和86%，生物量是804.09g和790.39g；香蒲群落植物平均高度226.00~291.00cm，植被盖度为72%~78%，生物量为1789.00~2418.00g；

薰草群落植物平均高度分别是 79cm 和 97cm，植被盖度分别是 43%和 52%，生物量分别是 346g 和 417g，低干扰区植物群落长势较好，高度较高，较少的人为干扰使群落植物稳定生长。

（三）植物群落的 α 多样性

低干扰区、中干扰区和强干扰区的植物物种丰富度分别是 10 种、17 种和 29 种。由低干扰区到强干扰区，植物的物种多样性逐渐增加，Simpson 优势度指数、Shannon-wiener 多样性指数、Pielou 均匀度指数都是随之增加，Simpson 优势度指数由 0. 0776 逐渐增加到 0. 4390，Shannon-wiener 多样性指数由 0. 1761 逐渐增加到 0. 8161（见图 4-3）。Pielou 均匀度指数由 0. 1984 增加到 0. 5766。中干扰区的 Shannon-wiener 多样性指数最高，与 Pielou 均匀度指数呈正相关。

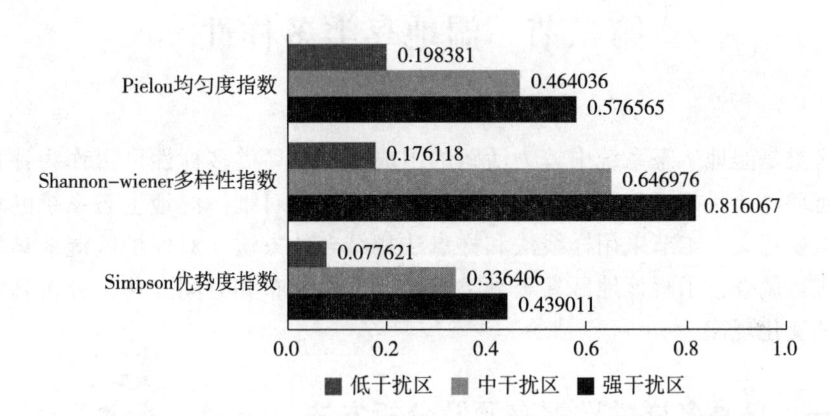

图 4-3　向海国家级自然保护区强干扰区、中干扰区、低干扰区植物群落的 α 多样性

（四）植物群落的 β 多样性

由表 4-5 可以看出，低干扰区与中干扰区植物群落差异较大，Jaccard 指数为 0. 47，Sörenson 指数为 0. 38。从物种组成上看，两群落的优势种的重复率较低，强干扰区与中干扰区植物群落的 Jaccard 指数为 0. 33，Sörenson 指数是 0. 26，说明强干扰区与中干扰区植物群落差异相对较小。从物种组成上看，低干扰区内的植物多生长于水中，如芦苇、眼子菜、水葱，而强干扰区的植物多为中生植物，所以两者之间的差异最大，Jaccard 指数达到了 0. 50，Sörenson 指数达到了 0. 41。

表 4-5 向海国家级自然保护区低干扰区、中干扰区、强干扰区植物群落的 β 多样性

指数	调查点	低干扰区	中干扰区	强干扰区
Jaccard 指数	低干扰区	0	0. 47	0. 50
	中干扰区	—	0	0. 33
	强干扰区	—	—	0
Sörenson 指数	低干扰区	0	0. 38	0. 41
	中干扰区	—	0	0. 26
	强干扰区	—	—	0

第二节　湿地鸟类多样性

鸟类是湿地生态系统中较为活跃的组成部分，鸟类多样性可以作为评价湿地生态环境质量好坏的重要指标，保护湿地鸟类，对维持湿地生态系统的稳定性有重要意义。本节采用样线法和样点法相结合的方法，对保护区湿地鸟类多样性进行调查，了解该地区鸟类种类组成、数量分布和空间变化，分析鸟类多样性的变化规律。

一、鸟类多样性数据来源及分析方法

(一) 野外调查数据

根据实地调查方法，分析吉林向海国家级自然保护区群落组成、数量动态及分布的变化规律。本节研究的鸟类调查工作，从 2014 年至 2017 年为期 4 年，每年的每个季节共调查 6 次，春季时间范围为 3~5 月，秋季为 9~11 月，分别选择每个季节中两天天气状况良好的清晨和傍晚进行观测。调查结果取清晨自然保护区鸟类多样性进行监测，了解该地区鸟类种类组成、数量分布及季节变化，清晨 5：00~7：00 和傍晚 16：00~18：00 调查数据的最大值。主要采用样线法和固定半径样点法及直接计数法三者相结合的方法，样线调查法主要选择步行为主，行走速度每小时 2. 0km，调查以双筒望远镜观察为主，辅以鸣声辨别及摄影取证等手段。调查时2~3名观测人员以2km/h的速度匀速行走，记录样线两侧50~100m内所看到或听到的鸟类种类和数量，详细记录其出现的生境和特殊的行为，样线长度5.0km、宽度50m，共布设12条，样线不能交叉，样线之间相距不小于2km，每条样线重复观察3次，取平均数。由3名观测人员一起完成调查。其中两位观测人员观察辨别种类，一位观测人员负责记录。固定半径样点法主要以观察者为中心，以10m为半径画的圆形区域，数量少的直接计数，野外鸟类监测设备及工具主要包括2个10倍手持双筒望远镜、2架20~60倍变焦望远镜（包括1个三脚架）、2部GPS卫星定位仪、2部数码照相机、4个记录本等（见图4-4）。

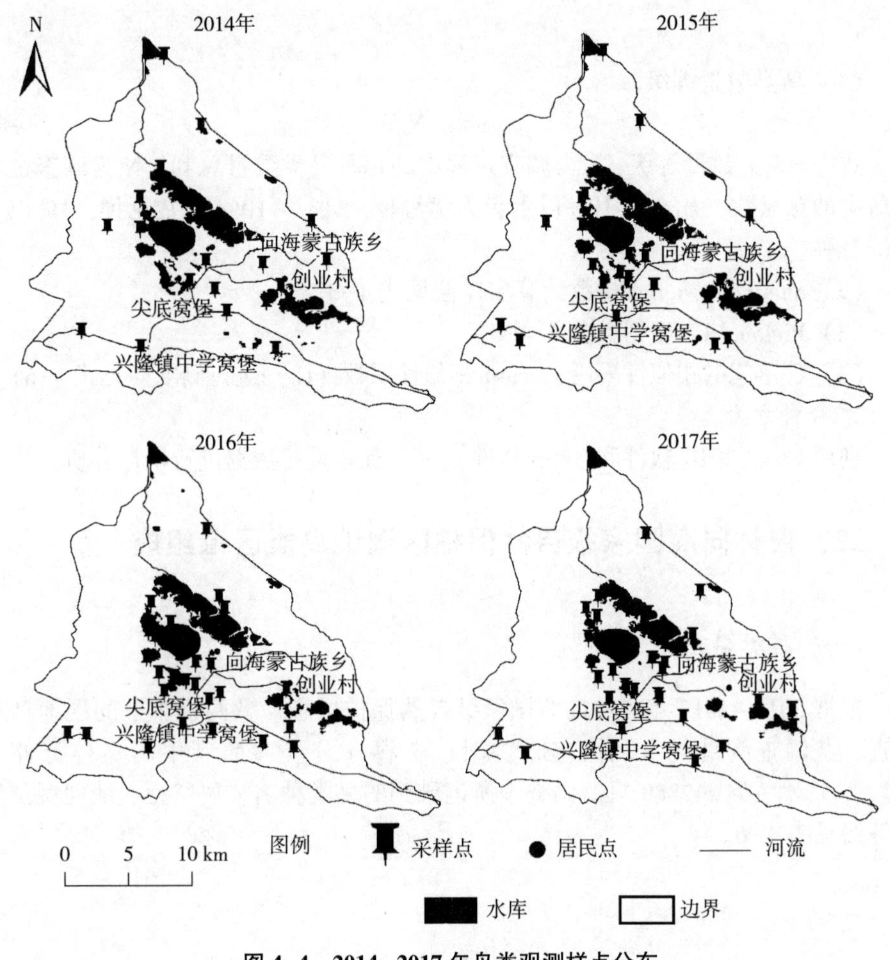

图4-4　2014~2017年鸟类观测样点分布

（二）文献和历史资料数据

鸟类物种的识别参照《中国鸟类系统检索》《中国鸟类野外手册》《中国鸟类图鉴》《中国东北地区鸟类及其生态学研究》《吉林省鸟类》《中国鸟类志》等书籍，根据其形态、羽色、鸣叫、行为等进行辨认；鸟类的地理分布和居留类型参照《中国鸟类分布名录》《中国鸟类分类与分布名录》；国家保护的有益的或有重要经济、科研价值的动物依据国家林业局相关的陆生动物名录。

（三）鸟类多样性分析方法

1. 指标选取

（1）鸟类数量等级。

$$S=n/N \tag{4-8}$$

式中，S 为数量等级；n 为调查过程中的每种鸟类数量总和；N 为调查过程中鸟类的总只数；凡 S 在 10%以上者为优势种，1% ~ 10% 为常见种，1%以下为稀有种。

（2）Shannon-wiener 指数计算多样性见式 4-3。

（3）Pielou 均匀度指数见式 4-5。

（4）群落间的相似性采用 Jaccard 相似性系数（Cj）进行测度（见式 4-6）。

2. 分析方法

利用 Excel 2010 软件和 SPSS 软件，对所有调查的数据进行统计分析。

二、吉林向海国家级自然保护区湿地鸟类区系组成

（一）种类组成

根据 2014~2017 年吉林向海国家级自然保护区春、秋两个季节的湿地鸟类调查，共调查到鸟类 82 种，分属 9 目 17 科（分类参照《中国鸟类野外手册》）共计鸟类 242889 只。调查中所记录到的鸟类种名、居留型、地理型及保护等级见表 4-6。

表 4-6　2014~2017 年吉林向海国家级自然保护区湿地水鸟名录

序号	目/科/种	居留型	地理型	保护等级
一、䴙䴘目 Podicipediformes				
(一) 䴙䴘科 Podicipedidae				
1. 小䴙䴘 *Tachybaptus ruficollis*		夏	广	SY
2. 凤头䴙䴘 *Podiceps cristatus*		夏	古	SY
3. 黑颈䴙䴘 *Podiceps nigricollis*		夏	古	SY
二、鹈形目 Pelecaniformes				
(一) 鸬鹚科 Phalacrocoracidae				
4. 普通鸬鹚 *Phalacrocorax carbo*		夏	广	SY
三、鹳形目 Ciconiiformes				
(一) 鹭科 Ardeidae				
5. 苍鹭 *Ardea cinerea*		夏	广	SY
6. 草鹭 *Ardea purpurea*		夏	广	SY
7. 夜鹭 *Nycticorax nycticorax*		夏	广	SY
8. 大白鹭 *Egretta alba*		夏	广	SY
9. 大麻鳽 *Botaurus stellaris*		夏	广	SY
(二) 鹳科 Ciconiidae				
10. 东方白鹳 *Ciconia boyciana*		夏	古	Ⅰ　SY
11. 黑鹳 *Ciconia nigra*		夏	古	Ⅰ
(三) 鹮科 Thres kiornithidae				
12. 白琵鹭 *Platalea leucorodia*		夏	古	Ⅱ
四、雁形目 Anseriformes				
(一) 鸭科 Anatidae				
13. 绿头鸭 *Anas platyrhynchos*		夏	古	SY
14. 绿翅鸭 *Anas crecca*		夏	古	SY
15. 赤膀鸭 *Anas strepera*		夏	古	SY

续表

序号	目/科/种	居留型	地理型	保护等级
16.	赤麻鸭 *Tadorna ferruginea*	夏	古	SY
17.	赤颈鸭 *Anas Penelope*	旅	古	SY
18.	斑嘴鸭 *Anas poecilorhyncha*	夏	广	SY
19.	琵嘴鸭 *Anas clypeata*	夏	古	SY
20.	白眉鸭 *Anas querquedula*	夏	古	SY
21.	罗纹鸭 *Anas falcata*	夏	古	SY
22.	针尾鸭 *Anas acuta*	旅	广	SY
23.	花脸鸭 *Anas formosa*	旅	古	SY
24.	鹊鸭 *Bucephala clangula*	旅	古	SY
25.	红头潜鸭 *Aythya ferina*	夏	古	SY
26.	凤头潜鸭 *Aythya fuligula*	夏	古	SY
27.	青头潜鸭 *Aythya baeri*	夏	古	SY
28.	白眼潜鸭 *Aythya nyroca*	旅	古	SY
29.	普通秋沙鸭 *Mergus merganser*	夏	古	SY
30.	斑头秋沙鸭 *Merdus albellus*	旅	古	SY
31.	斑脸海番鸭 *Melanitta fusca*	旅	古	SY
32.	翘鼻麻鸭 *Tadorna tadorna*	夏	古	SY
33.	大天鹅 *Cygnus cygnus*	旅	古	Ⅱ
34.	小天鹅 *Cygnus columbianus*	旅	古	Ⅱ
35.	疣鼻天鹅 *Cygnus olor*	旅	古	Ⅱ
36.	鸳鸯 *Aix galericulata*	夏	古	Ⅱ
37.	灰雁 *Anser anser*	旅	古	SY
38.	豆雁 *Anser fabalis*	旅	古	SY
39.	鸿雁 *Anser cygnoides*	夏	古	SY
40.	白额雁 *Anser albifrons*	旅	古	Ⅱ
41.	小白额雁 *Anser erythropus*	旅	古	SY

续表

序号	目/科/种	居留型	地理型	保护等级
五、鹤形目 Gruiformes				
（一）秧鸡科 Rallidae				
42. 白骨顶 *Fulica atra*		夏	广	SY
43. 红骨顶 *Gallinula chloropus*		夏	广	SY
（二）鹤科 Gruidae				
44. 白鹤 *Grus leucogeranus*		旅	古	Ⅰ
45. 灰鹤 *Grus grus*		旅	古	Ⅱ
46. 白枕鹤 *Grus vipio*		夏	古	Ⅱ
47. 丹顶鹤 *Grus japonensis*		夏	古	Ⅰ
48. 白头鹤 *Grus monacha*		旅	古	Ⅰ
49. 沙丘鹤 *Grus canadensis*		旅	古	Ⅱ
50. 蓑羽鹤 *Anthropoides virgo*		夏	古	Ⅱ
六、鸻形目 Charadriiformes				
（一）鸻科 Charadriidae				
51. 凤头麦鸡 *Vanellus vanellus*		夏	古	SY
52. 灰头麦鸡 *Vanellus cinereus*		夏	古	SY
53. 金眶鸻 *Charadrius dubius*		夏	广	SY
54. 环颈鸻 *Charadrius alexandrinus*		旅	广	SY
（二）鹬科 Scolopacidae				
55. 红脚鹬 *Tringa totanus*		旅	古	SY
56. 矶鹬 *Tringa hypoleucos*		夏	古	SY
57. 黑尾塍鹬 *Limosa limosa*		旅	古	SY
58. 白腰杓鹬 *Numenius arquata*		夏	古	SY
59. 白腰草鹬 *Tringa ochropus*		夏	古	SY
60. 大杓鹬 *N. madagascariensis*		夏	古	SY

续表

序号	目/科/种	居留型	地理型	保护等级
61. 林鹬 *Tringa glareola*		夏	古	SY
62. 青脚鹬 *Tringa nebularia*		旅	古	SY
63. 扇尾沙锥 *Gallinago gallinago*		夏	古	SY
64. 中杓鹬 *Numenius phaeopus*		旅	古	SY
65. 鹤鹬 *Tringa erythropus*		旅	古	SY
66. 泽鹬 *Tringa stagnatilis*		夏	古	SY
67. 大沙锥 *Gallinago megala*		旅	古	SY
（三）反嘴鹬科 Recurvirostridae				
68. 反嘴鹬 *Recurvirostra avosetta*		夏	古	SY
69. 黑翅长脚鹬 *Himantopus himantopus*		夏	广	SY
（四）燕鸻科 Glareolidae				
70. 普通燕鸻 *Glareola maldivarum*		夏	广	SY
（五）蛎鹬科 Haematopodidae				
71. 蛎鹬 *Haematopus ostralegus*		夏	广	SY
七、鸥形目 Lariformes				
（一）鸥科 Laridae				
72. 红嘴鸥 *Larus ridibundus*		夏	古	SY
73. 海鸥 *Larus canus*		旅	古	SY
74. 灰背鸥 *Larus schistisagus*		旅	古	SY
75. 银鸥 *Larus argentatus*		旅	古	SY
76. 黑尾鸥 *Larus crassirostris*		旅	古	SY
（二）燕鸥科 Sternidae				
77. 须浮鸥 *Chlidonias hybrida*		夏	广	SY
78. 普通燕鸥 *Sterna hirundo*		夏	古	SY
79. 白翅浮鸥 *Chlidonias leucopterus*		夏	古	SY
80. 白额燕鸥 *Sterna albifrons*		夏	广	SY

续表

序号	目/科/种	居留型	地理型	保护等级
八、佛法僧目 Coraciiformes				
（一）翠鸟科 Alcedinidae				
81. 普通翠鸟 *Alcedo atthis*		夏	广	SY
九、隼形目 Falconiformes				
（一）鹗科 Pandionidae				
82. 鹗 *Pandion haliaetus*		夏	广	Ⅱ

注：居留型：夏——夏候鸟；旅——旅鸟。地理型：古——古北界；广——广布种。保护等级：Ⅰ——国家一级保护鸟类；Ⅱ——国家二级保护鸟类；SY——“三有”鸟类（即《国家保护的有益的或者有重要经济、科学研究价值的动物名录》中的鸟类）。

调查中记录到鹈鹕目有1科3种，鹈形目有1科1种，鹳形目有3科8种，雁形目有1科29种，鹤形目有2科9种，鸻形目有5科21种，鸥形目有2科9种，佛法僧目有1科1种，隼形目有1科1种。其中雁形目鸟类种类较多，占总种数的35%。保护区内常见的鸟类有21种，分别有豆雁（*Anser fabalis*）、灰鹤（*Grus grus*）、丹顶鹤（*G. japonensis*）、东方白鹳（*C. boyciana*）、赤膀鸭（*Anas strepera*）、小天鹅（*C. columbianus*）、白鹤（*G. leucogeranus*）、红头潜鸭（*Aythya ferina*）、灰雁（*Anser anser*）、凤头麦鸡（Vanellus vanellus）、苍鹭（*Ardea cinerea*）、鹊鸭（*Bucephala clangula*）、翘鼻麻鸭（*T. tadorna*）、赤麻鸭（*T. ferruginea*）、绿头鸭（*Anas platyrhynchos*）、银鸥（*Larus argentatus*）、白额雁（*Anser albifrons*）、白骨顶（*Fulica atra*）、大白鹭（*Egretta alba*）、白琵鹭（*Platalea leucorodia*）、普通鸬鹚（*Phalacrocorax carbo*）。

在该调查区域范围内的鸟类中，被列入《国家重点保护野生动物名录》的鸟类有16种，其中国家一级保护鸟类5种，分别为东方白鹳（*C. boyciana*）、黑鹳（*Ciconia nigra*）、白鹤（*G. leucogeranus*）、丹顶鹤（*G. japonensis*）、白头鹤（*G. monacha*）；国家二级保护鸟类11种，分别为白琵鹭（*Platalea leucorodia*）、大天鹅（*Cygnus Cygnus*）、小天鹅（*C. columbianus*）、疣鼻天鹅（*C. olor*）、鸳鸯（*Aix galericulata*），白额雁（*Anser albifrons*）、灰鹤（*Grus grus*）、白枕鹤（*G. vipio*）、沙丘鹤（*Grus Canadensis*）、蓑羽鹤（*Anthropoides virgo*）、鹗（*Pandion haliaetus*）。被列入《国家保护的有益的或者有重要经济、科学研究价值的动物名录》的鸟类（即“三有”鸟类）66种。

（二）居留型与从属区系

从鸟类区系看，吉林向海国家级自然保护区湿地的 82 种鸟类中，62 种为古北界鸟类，占鸟类总数的 76%；20 种为广布种，占 24%。可见，吉林向海国家级自然保护区湿地的鸟类主要是古北界鸟类。从居留型看，53 种为夏候鸟，占 65 %，29 种为旅鸟，占 35 %。可见，吉林向海国家级自然保护区湿地的鸟类以夏候鸟为主。

三、吉林向海国家级自然保护区湿地鸟类数量与分布

从鸟类数量与分布看，吉林向海国家级自然保护区湿地鸟类分属 9 目 17 科 82 种共计 242889 只。不同年份不同季节鸟类数量变化见表 4-7。

表 4-7　2014~2017 年向海国家级自然保护区湿地鸟类数量　　单位：只

种类	2014 年		2015 年		2016 年		2017 年	
	春	秋	春	秋	春	秋	春	秋
小䴙䴘	24	192	68	148	23	119	0	23
凤头䴙䴘	206	308	242	101	57	212	0	71
黑颈䴙䴘	13	17	4	0	18	0	0	0
普通鸬鹚	1392	85	976	372	139	283	62	320
苍鹭	824	123	165	112	186	57	58	35
草鹭	60	11	26	5	17	1	0	5
夜鹭	18	0	0	0	0	0	0	0
大白鹭	5	33	17	2	21	44	8	115
大麻鳽	8	0	11	2	9	0	0	0
东方白鹳	16	74	16	25	68	25	79	12
黑鹳	0	0	0	4	0	0	0	1
白琵鹭	286	324	53	156	48	857	13	742
绿头鸭	1500	2972	2002	771	1864	10180	825	1632
绿翅鸭	1852	1546	358	2100	3256	397	110	177
赤膀鸭	394	3386	656	4359	365	5285	68	1088

续表

种类	2014年		2015年		2016年		2017年	
	春	秋	春	秋	春	秋	春	秋
赤麻鸭	200	347	12	114	81	198	63	62
赤颈鸭	55	9	119	0	68	31	0	0
斑嘴鸭	82	98	99	1518	43	691	2	73
琵嘴鸭	43	4	9	0	56	117	49	0
白眉鸭	10	0	35	12	62	0	2	0
罗纹鸭	234	0	444	0	181	82	6	0
针尾鸭	43	76	11	0	81	0	31	0
花脸鸭	0	0	28	0	36	0	0	0
鹊鸭	176	241	838	3	194	266	119	53
红头潜鸭	1898	230	4777	4966	3189	631	3	79
凤头潜鸭	49	0	688	0	211	0	72	22
青头潜鸭	2	0	2	0	7	0	3	0
白眼潜鸭	0	0	1	0	0	0	0	0
普通秋沙鸭	167	212	116	1657	67	0	79	140
斑头秋沙鸭	153	100	223	770	0	0	325	175
斑脸海番鸭	0	0	0	0	0	0	0	1
翘鼻麻鸭	99	15	86	8	114	233	59	68
大天鹅	138	0	0	0	5	0	14	43
小天鹅	699	1277	5483	3206	2390	3130	25	113
疣鼻天鹅	0	0	16	0	12	0	0	0
鸳鸯	1	0	0	0	0	0	0	0
灰雁	8	48	32	73	74	154	2	57
豆雁	8747	7359	13353	7426	16242	14730	5874	7548
鸿雁	45	7	89	7	66	565	8	3
白额雁	549	469	540	1634	0	383	518	1473
小白额雁	175	11	957	6	1	898	0	18
白骨顶	99	440	1172	2370	1074	8020	4	2555

续表

种类	2014年		2015年		2016年		2017年	
	春	秋	春	秋	春	秋	春	秋
红骨顶	2	3	0	4	0	0	0	0
白鹤	168	339	279	496	77	1063	13	218
灰鹤	96	538	3	1450	641	1686	202	2470
白枕鹤	11	0	8	0	0	0	4	28
丹顶鹤	12	16	3	8	6	6	8	4
白头鹤	0	190	5	595	76	234	1	650
沙丘鹤	0	0	0	0	1	0	0	0
蓑羽鹤	0	0	0	0	1	0	0	0
凤头麦鸡	201	1052	395	1401	126	249	30	1103
灰头麦鸡	137	19	91	2	60	0	0	6
金眶鸻	4	0	2	0	14	0	0	0
环颈鸻	0	0	0	0	2	0	0	0
红脚鹬	0	421	568	0	1124	354	2	106
矶鹬	2	0	2	36	1	0	0	0
黑尾塍鹬	4811	11	182	0	1611	0	950	8
白腰杓鹬	18	0	9	0	0	0	2	0
白腰草鹬	6	0	15	0	8	0	0	0
大杓鹬	2	0	0	0	13	0	0	0
林鹬	8	0	9	0	0	0	0	0
青脚鹬	4	0	0	72	19	0	0	0
扇尾沙锥	31	0	3	0	6	16	0	0
中杓鹬	0	0	11	0	0	0	0	0
鹤鹬	0	0	0	0	6	0	0	104
泽鹬	0	0	0	0	0	0	0	34
大沙锥	0	0	0	0	0	0	0	2
反嘴鹬	87	8	25	0	154	0	12	13
黑翅长脚鹬	423	0	394	3	489	0	289	12

续表

种类	2014 年		2015 年		2016 年		2017 年	
	春	秋	春	秋	春	秋	春	秋
普通燕鸻	0	0	44	0	40	0	0	0
蛎鹬	0	0	4	0	2	0	0	0
红嘴鸥	318	776	638	1176	580	92	0	337
普通海鸥	31	0	0	0	175	0	0	0
灰背鸥	0	1	0	0	0	0	0	0
银鸥	50	19	224	8	38	5	170	32
黑尾鸥	0	0	10	0	0	0	6	0
须浮鸥	0	4	16	0	0	0	0	0
普通燕鸥	0	0	25	0	11	0	0	0
白翅浮鸥	0	0	4	0	0	0	0	0
白额燕鸥	0	0	0	0	3	0	0	0
普通翠鸟	4	0	2	3	0	0	0	0
鹗	0	0	0	0	1	1	0	0

2014 年春季记录到鸟类有 8 目 13 科 59 种共计 26696 只，2014 年秋季记录到鸟类有 7 目 13 科 43 种共计 23411 只；2015 年春季记录到鸟类有 8 目 16 科 64 种共计 36695 只，2015 年秋季记录到鸟类有 8 目 13 科 41 种共计 37181 只；2016 年春季记录到鸟类有 8 目 17 科 63 种共计 35610 只，2016 年秋季记录到鸟类有 8 目 12 科 36 种共计 51295 只；2017 年春季记录到鸟类有 6 目 9 科 41 种共计 10170 只，2017 年秋季记录到鸟类有 9 目 11 科 45 种共计 21831 只。

四、不同景观类型湿地鸟类群落物种组成及其多样性

在不同生态环境下，鸟的组成有所不同，根据向海国家级自然保护区地形地貌及植被、水域等自然景观特点（李敏等，2012；陈章等，2017），将鸟类栖息环境大致分为 4 种典型的景观类型：水域、沼泽湿地、草地、林地。水域景观类型区域主要为浅水区域和深水区域（常年或季节性积水、明水区域）；沼泽湿地景观类型区域包括河流两岸的沼泽地以及部分降雨形成地表径流汇集于洼地形成湖泡；草地景观类型区域以草甸草原为主体；林地景观类型区域主要

包括榆树林和杨树林。

（一）水域景观

在水域景观类型中调查发现2014年有7目9科32种共计5613只；2015年有6目9科27种共计4054只；2016年有7目13科40种共计6903只；2017年有7目9科27种共计2082只。可见水域景观类型鸟类数量呈现波动降低趋势。

从鸟类区系看，2014年水域景观类型32种鸟类中，23种为古北界鸟类，占鸟类种数的72%；9种为广布种，占28%。从居留型看，25种为夏候鸟，占78 %；7种为旅鸟，占22%。从保护等级看，在该调查区域范围内的鸟类中，其中国家二级保护鸟类3种，占9%，“三有”鸟类29种，占91%。

2015年水域景观类型27种鸟类中，18种为古北界鸟类，占鸟类种数的67%；9种为广布种，占33%。从居留型看，20种为夏候鸟，占74%；7种为旅鸟，占26%。从保护等级看，在该调查区域范围内的鸟类中，其中国家二级保护鸟类2种，占7%，“三有”鸟类25种，占93%。

2016年水域景观类型40种鸟类中，31种为古北界鸟类，占鸟类种数的78%；9种为广布种，占22%。从居留型看，29种为夏候鸟，占73%；11种为旅鸟，占27%。从保护等级看，在该调查区域范围内的鸟类中，其中国家一级保护鸟类1种，占3%，国家二级保护鸟类4种，占10%，“三有”鸟类35种，占87%。

2017年水域景观类型27种鸟类中，21种为古北界鸟类，占鸟类种数的78%；6种为广布种，占22%。从居留型看，18种为夏候鸟，占67%；9种为旅鸟，占33%。从保护等级看，在该调查区域范围内的鸟类中，其中国家一级保护鸟类1种，占4%，国家二级保护鸟类2种，占7%，“三有”鸟类24种，占89%。可见，水域景观类型鸟类主要以古北界、夏候鸟和“三有”鸟类为主。

在2014年水域景观类型中鸟类优势种为普通鸬鹚、赤膀鸭、苍鹭。2015年鸟类优势种为红头潜鸭、普通鸬鹚、赤膀鸭、鹊鸭。2016年鸟类优势种为豆雁、赤膀鸭、小白额雁。2017年鸟类优势种为斑头秋沙鸭、绿头鸭。

（二）沼泽湿地景观

在沼泽湿地景观类型中调查发现，2014年有8目14科61种共计30758只；2015年有7目15科63种共计63506只；2016年有8目16科64种共计73747只；2017年有7目11科36种共计21981只。

从鸟类区系看，2014年沼泽湿地景观类型61种鸟类中，47种为古北界鸟类，占鸟类种数的77%；14种为广布种，占23%。从居留型看，43种为夏候鸟，占70%；18种为旅鸟，占30%。从保护等级看，在该调查区域范围内的鸟类中，其中国家一级保护鸟类 4 种，占 7%，国家二级保护鸟类 6 种，占 10%，“三有”鸟类 51 种，占 83%。

2015 年沼泽湿地景观类型 63 种鸟类中，49 种为古北界鸟类，占鸟类种数的 78%；14 种为广布种，占 22%。从居留型看，43 种为夏候鸟，占 68%；20 种为旅鸟，占 32%。从保护等级看，在该调查区域范围内的鸟类中，其中国家一级保护鸟类 5 种，占 8%，国家二级保护鸟类 6 种，占 10%，“三有”鸟类 52 种，占 82%。

2016 年沼泽湿地景观类型 64 种鸟类中，49 种为古北界鸟类，占鸟类种数的 77%；15 种为广布种，占 23%。从居留型看，41 种为夏候鸟，占 64%；23 种为旅鸟，占 36%。从保护等级看，在该调查区域范围内的鸟类中，其中国家一级保护鸟类 4 种，占 6%，国家二级保护鸟类 9 种，占 14%，“三有”鸟类 51 种，占 80%。

2017 年沼泽湿地景观类型 36 种鸟类中，29 种为古北界鸟类，占鸟类种数的 81%；7 种为广布种，占 19%。从居留型看，22 种为夏候鸟，占 61%；14 种为旅鸟，占 39%。从保护等级看，在该调查区域范围内的鸟类中，其中国家一级保护鸟类 4 种，占 11%，国家二级保护鸟类 6 种，占 17%，“三有”鸟类 26 种，占 72%。可见，沼泽湿地景观类型鸟类主要以古北界、夏候鸟和“三有”鸟类为主。

在沼泽湿地景观中 2014 年鸟类优势种为豆雁、黑尾塍鹬。2015 年鸟类优势种为豆雁、红头潜鸭、小天鹅。2016 年鸟类优势种为豆雁、绿头鸭。2017 年鸟类优势种为豆雁、白骨顶、绿头鸭。

（三）草地景观

在草地景观类型中调查发现，2014 年有 3 目 4 科 18 种共计 9596 只；2015 年有 2 目 4 科 11 种共计 3014 只；2016 年有 1 目 3 科 21 种共计 2224 只；2017 年有 2 目 4 科 12 种共计 6405 只。可见草地景观类型鸟类数量呈现先降低后增加的趋势。

从鸟类区系看，2014 年草地景观类型 18 种鸟类中，14 种为古北界鸟类，占鸟类种数的 78%；4 种为广布种，占 22%。从居留型看，11 种为夏候鸟，占 61%；7 种为旅鸟，占 39%。从保护等级看，在该调查区域范围内的鸟类中，其中国家一级保护鸟类 2 种，占 11%，国家二级保护鸟类 3 种，占 17%，“三有”鸟类 13 种，占 72%。

2015 年草地景观类型 11 种鸟类中，10 种为古北界鸟类，占鸟类种数的 91%，1 种为广布种；占鸟类种数的 9%。从居留型看，6 种为夏候鸟，占 55%；

5 种为旅鸟，占 45%。从保护等级看，在该调查区域范围内的鸟类中，其中国家一级保护鸟类 4 种，占 36%，国家二级保护鸟类 3 种，占 28%，“三有”鸟类 4 种，占 36%。

2016 年草地景观类型 21 种鸟类中，17 种为古北界鸟类，占鸟类种数的 81%；4 种为广布种，占 19%。从居留型看，14 种为夏候鸟，占 67%；7 种为旅鸟，占 33%。从保护等级看，在该调查区域范围内的鸟类中，其中国家一级保护鸟类 5 种，占 24%，国家二级保护鸟类 3 种，占 14%，“三有”鸟类 13 种，占 62%。

2017 年草地景观类型 12 种鸟类中，10 种为古北界鸟类，占鸟类种数的 83%；2 种为广布种，占 17%。从居留型看，9 种为夏候鸟，占 75%；3 种为旅鸟，占 25%。从保护等级看，在该调查区域范围内的鸟类中，其中国家一级保护鸟类 1 种，占 8%，无国家二级保护鸟类，“三有”鸟类 11 种，占 92%。可见，草地景观类型鸟类主要以古北界、夏候鸟和“三有”鸟类为主。

在草地景观类型中 2014 年鸟类优势种为豆雁、赤膀鸭、绿头鸭。2015 年鸟类优势种为凤头麦鸡、灰鹤、白骨顶。2016 年鸟类优势种为灰鹤、白鹤、豆雁、白头鹤。2017 年鸟类优势种为豆雁、灰鹤。

（四）林地景观

在林地景观类型中调查发现仅有鸟类 6 种，2014 年有 3 目 1 科 6 种共计 4140 只；2015 年有 2 目 3 科 4 种共计 3302 只；2016 年有 3 目 3 科 6 种共计 4031 只；2017 年有 2 目 2 科 5 种共计 1533 只。

从鸟类区系看，2014 年林地景观类型 6 种鸟类中，3 种为古北界鸟类，占鸟类种数的 50%；3 种为广布种，占 50%。从居留型看，6 种为夏候鸟，占 100%；无旅鸟。从保护等级看，在该调查区域范围内的鸟类中，其中无国家一级保护鸟类和国家二级保护鸟类，“三有”鸟类 6 种，占 100%。

2015 年林地景观类型 4 种鸟类中，3 种为古北界鸟类，占鸟类种数的 75%；1 种为广布种，占 25%。从居留型看，6 种为夏候鸟，占 100%；没有旅鸟。从保护等级看，在该调查区域范围内的鸟类中，其中无国家一级保护鸟类和国家二级保护鸟类，“三有”鸟类 6 种，占 100%。

2016 年林地景观类型 6 种鸟类中，3 种为古北界鸟类，占鸟类种数的 50%；3 种为广布种，占 50%。从居留型看，6 种为夏候鸟，占 100%；无旅鸟。从保护等级看，在该调查区域范围内的鸟类中，其中无国家一级保护鸟类和国家二级保护鸟类，“三有”鸟类 6 种，占 100%。

2017 年林地景观 5 种鸟类中，3 种为古北界鸟类，占鸟类种数的 60%；2 种为广布种，占 40%。从居留型看，5 种为夏候鸟，占 100%；没有旅鸟。从保护等级看，在该调查区域范围内的鸟类中，“三有”鸟类6种，占100%。可见，林地景观类型鸟类主要以古北界、夏候鸟和“三有”鸟类为主。

在林地景观类型中2014年鸟类优势种为苍鹭、大白鹭、绿头鸭。2015年鸟类优势种为苍鹭、绿头鸭、赤膀鸭。2016年鸟类优势种为苍鹭、绿头鸭、绿翅鸭。2017年鸟类优势种为苍鹭、绿头鸭。

本章小结

设置采样线和植物调查样方，采用样线法和样点法相结合的方法，对保护区湿地植物物种多样性和鸟类多样性进行研究。结果表明：

（1）调查区内共发现植物62种，其中被子植物61种，蕨类植物1种，分属27科，其中菊科占有物种数最多为12种，54属，蒿属占有物种数最多为5种。从对人类干扰的响应机制上看，人类干扰程度越强，植物平均高度越小，生物量越小。

（2）从草甸→沼泽化草甸→沼泽，土壤含水量逐渐增加，物种丰富度和Shannon-Wiener多样性指数逐渐减小，而Simpson优势度指数逐渐减小，Pielou均匀度指数呈波动变化。土壤水分梯度变化是导致研究区植物群落物种变化的主要原因，典型草甸和沼泽化草甸中的植物群落的物种组成差异较小，而沼泽中的植物群落中的物种组成与前两者差异较大；从低干扰区到强干扰区，植物物种丰富度呈增加趋势，优势度指数、多样性指数、均匀度指数都随之增加。低干扰区与中干扰区植物群落差异较大，强干扰区与中干扰区植物群落差异相对较小。

（3）2014~2017年，调查区内湿地鸟类分属9目18科82种，共计鸟类242889只，常见鸟类有21种。有国家一级保护鸟类5种、国家二级保护鸟类11种、被列入《国家保护的有益的或者有重要经济、科学研究价值的动物名录》的鸟类66种。从鸟类区系看，吉林向海国家级自然保护区以古北界鸟类为主，且以夏候鸟为主。

（4）2014~2017年研究区四种景观类型鸟类科数和种数呈现降低趋势。从景观类型的角度看，沼泽湿地景观类型鸟类种类数量最多，为9目17科76种，水域景观类型鸟类种类次之，为8目14科50种，草地景观类型鸟类种类较少，为4目5科21种。林地景观类型鸟类种类数量最少，为3目3科6种。

湿地水禽生境修复及其效果评价

目前国际上针对各地区湿地恢复的效果评价，没有统一的标准与评价方法，因此评价结果相对主观，无法科学地进行对比与评价。朱颖等（2017）在研究太湖国家湿地公园生态恢复成效评估过程中运用层次分析法，通过层次分析法算出各指标权重，然后进行评估等级最终得出结果并对太湖国家湿地公园2015年生态恢复成效进行综合评估。黄海萍等（2015）在评估厦门五缘湾的生态恢复成效时也构建了一套可以系统地评估滨海湿地生态恢复成效的指标体系。本章基于“压力—状态—响应”理论，利用层次分析方法构建湿地修复效果评估模型，构建了3个综合指标和19个评价因子在内的湿地评价指标体系，对退化湿地修复效果进行评估。

第一节　向海国家级自然保护区沼泽湿地修复概况

本节从沼泽湿地退化现状和沼泽湿地退化的影响因子入手，找出典型退化沼泽湿地修复区，根据典型退化区的生态环境状况规划湿地修复方案，并对退化沼泽湿地进行了修复，以此为向海湿地的恢复和管理提供科学范例。

一、湿地修复的原理及原则

在湖泊湿地生态修复中最常见的相关术语有“修复”（remediation）、“恢复”（restoration）等。其中，修复是指在现有的生态系统基础上，通过对外部环境胁迫的减压等措施，修复部分受损的生态系统结构及其功能；恢复是指在群落和生态系统层次上，对生态系统的结构原貌或其原有生态功能的再现；显然两者对生态系统恢复的程度是不同的（刘青、葛刚，2012）。关于生态修复的概念，国内外的学者有不同的理解和认识，尚无统一的看法。从目前情况来看，生态恢复的称谓主要应用在欧美国家，在我国应用较少，而生态修复的称谓则主要应用在日本和我国，本章对这两种术语不作区分。

在退化湿地恢复过程中，主要的指导理论有生态演替理论、自组织理论、自设计理论、生物入侵理论、生态位理论、洪水脉冲理论、中度干扰理论等。本节主要应用自设计理论和生态位理论，因此对其他理论不作过多陈述。

（一）湿地修复原理

目前自设计理论是唯一从恢复生态学中产生的理论，在湿地生态恢复中得到广泛应用。这一理论认为，通过工程方法和植物重建可直接恢复退化生态系统，但恢复的类型可能是多样的（李洪远、孟伟庆，2012）。这一理论把物种的生活史作为植被恢复的重要因子，并认为通过干扰物种生活史的方法就可加快湿地植被的恢复。

生态位理论认为物种在生态系统中有自己特定的资源空间，群落内物种的多样性取决于群落内生态位的分化程度及生态系统的异质性高低。因而在进行湿地植被恢复过程中，对物种的配置要充分考虑物种的生态位，针对湿地所处的位置及其环境条件选择适宜的位置修复湿地植物（刘青、葛刚，2012）。

（二）湿地修复的原则

1. 整体性原则

湿地修复是恢复退化湿地生态系统的生物群落及其组成、结构、功能与自然生态的过程。一个完整的生态系统富有弹性，能自我维持，能承受一定的环境压力及变化，并在生态恢复过程中既体现出地区的形象与个性，又着眼于全局，合理地确定恢复技术和恢复手段（李洪远、孟伟庆，2012）。

2. 自我维持设计和自然恢复原则

保持修复湿地永久活力的最佳方法就是将人为活动降到最低水平，同时在恢复过程中应尽可能地采用自然恢复的方法。能源方面，尽量用自然能源，物种的引入，以土著种为主（李洪远、孟伟庆，2012）。

3. 优先性原则

湿地生态系统具有多重功能，提供多种效益，其中可以有 1 个或 2 个主要目标，尤其在重建已经消失的湿地时，重建的湿地必须能完成已消失湿地的全部或大部分功能（林国俊等，2010）。湿地修复应突出生态优先性主题，最大限度恢复湿地生态特征，提高湿地生物多样性。从维护湿地生态系统结构和功能的完整性、防止湿地持续退化的基本要求出发，按照修复对象的退化程度，划定功能分区，不同分区采取不同的修复措施和建设内容。

4. 流域管理原则

湿地恢复设计要考虑整个湿地区域，甚至整个流域，而非仅仅退化区域。应从流域管理的原则，充分考虑集水区域内或流域内影响工程试验区湿地生态系统的因子，系统规划设计湿地恢复工程的建设目标和建设内容。同时贯彻“科学规划、保护优先、合理利用、可持续发展”的方针，根据湿地资源分布状况、保护对象和周边经济发展现状，对湿地修复区域进行全面流域规划，因地制宜，采取不同的保护与恢复措施，并根据建设内容的轻重缓急和现有条件分步实施。在分区层次上控制用地性质、人类活动和设施建设，从而使管理者可以实施有效管理。

5. 可持续性原则

贯彻可持续性原则，要在湿地的修复与利用中，全面分析人类活动对湿地生态系统造成的影响，分析其影响的强度、范围及可恢复性，使人类活动对湿地生态系统的干扰不超过湿地的承受能力和湿地资源的可再生能力范畴（徐大海、张国发，2014）。

湿地的合理利用是一种与维持生态系统自然性并行不悖的方式造福人类的可持续利用。由此，要以保护湿地生态功能和生物多样性为前提，因地制宜，实现生态、社会经济效益的最大化和可持续发展。

6. 可行性原则

此原则包括环境的可行性和技术的可操作性。不同的湿地类型，恢复的指标体系及相应策略应有不同，因此修复必须从实际出发，要具有较强的可操作性与实践指导意义（郎惠卿，1999）。

7. 突出科普宣教主题的原则

湿地修复要特别注重科普宣教工作，提高公众的湿地保护意识，让公众在娱乐中了解、感受湿地为人类提供的生态服务功能（盛连喜，2001）。

二、沼泽湿地修复区的选择

人类活动是向海国家级自然保护区及其周边地区沼泽湿地斑块保护有效性空间变化的主要因素。随着人口的增多，人类对耕地的需求量增加，逐渐加大对沼泽湿地的开垦。研究区中东部大部处于实验区，区内人口较多，人为干扰强度大，沼泽湿地抗干扰能力较弱，湿地破碎化程度较大，因此研究区中东部沼泽湿地退化较严重。近几年，向海国家级自然保护区积极响应国家政策——生态移民，将向海国家级自然保护区的核心区附近的居民点逐渐迁出，核心区附近人类活动相对较少，人为干扰强度较小，加之吉林省的耕地补偿制度、“退耕还湿”

政策以及“引洮入向”“引霍入向”等工程的实施，也达到了保护湿地的效果。

虽然中部大部分地区沼泽湿地保护较好，但区内仍然有部分地区沼泽湿地退化严重，分别为仙鹤岛、付老文泡、碱水泡和西队窝铺，结合野外实地考察可知这些地区人类活动强烈，旅游开发、过度放牧及水利设施的修建，使四个地区植被破坏严重，土地出现沙化、盐碱化趋势，水体出现富营养化现象，尤其对仙鹤岛的影响更加明显。

仙鹤岛地区是向海国家级自然保护区管理局重点开发地区，这里主要发展旅游业以及饲养大雁等野生动物，经野外实地验证，这里土地盐碱化较为严重，并处于保护区的实验区，人类活动较为频繁，多围栏放牧，湿地破坏较为严重，对湿地植物生境造成威胁。针对这一地区的生态修复是地区生态环境保护的迫切需求，从生态效益和社会经济效益上看这一区域更加具有优势。最终在仙鹤岛选取 5.61hm^2作为湿地修复示范区之一。

付老文泡位于向海国家级自然保护区的中西部，经野外调查，此地虽然距居民点较远，但多围栏放牧，牛羊大量啃食此地植物，长期造成湿地水禽生境破坏，在向海国家级自然保护区中的付老文泡附近是国家二级保护珍禽——白枕鹤的重要栖息地（见表 5-1），因此对付老文泡的湿地进行修复具有更大的生态价值。最终在付老文泡中选取 5.08hm^2湿地作为典型退化湿地修复区之一。

经野外实际调查，碱水泡经过多年的牛羊啃食，此地植被遭到破坏，土地出现盐碱化、沙化现象，因此在碱水泡中选取 6.27hm^2的湿地作为修复示范区之一，从而达到缓解湿地退化，修复湿地水禽生境的目的。

西队窝铺距向海水库较近，因此其湿地保护较其他三个修复示范区的湿地保护效果相对较高，但经野外调查显示，受人类活动的影响，此地有大量废弃耕地，同时过度放牧导致此地湿地水禽生境遭到破坏。因此，选取 6.35hm^2湿地作为修复示范区之一。

表 5-1 2015 年向海国家级自然保护区鹤类种群数量及其生境

种类	地点	地理坐标		只数	巢数	备注
丹顶鹤	二百方丹顶鹤核心区	—	—	1	0	苇塘完全干枯，附近羊群 4 群，干扰严重
	长龙坨北	45°00.068′N	122°19.836′E	2	0	苇场苇塘干涸有放牧活动，干扰程度强
	长龙坨西南	44°59.059′N	122°18.090′E	2	0	>2500hm^2苇塘干涸，外围有放牧活动，干扰强

续表

种类	地点	地理坐标		只数	巢数	备注
白枕鹤	长龙坨西南	44°59. 500′N	122°18. 350′E	2	0	>2500hm² 苇塘干涸，外围有放牧活动，干扰强
	付老文泡子西北	45°00. 894′N	122°17. 325′E	2	1	干苇塘，有蒲草，有明显巢，干扰强

三、修复示范区湿地植物组合优化配置与规划设计

根据当地独特的地貌水文等自然条件，结合湿地植物的生长习性，重要栖息地修复与功能提升技术以及生物物种修复技术，构建盐沼湿地植物修复技术体系，提出湿地水禽生境修复新模式，并利用 ArcGIS10. 2 软件，结合野外湿地调查，制作修复示范区的湿地植物群落规划图，开展修复示范区中湿地植物组合的优化配置和规划设计，如图 5-1~图 5-4 所示。

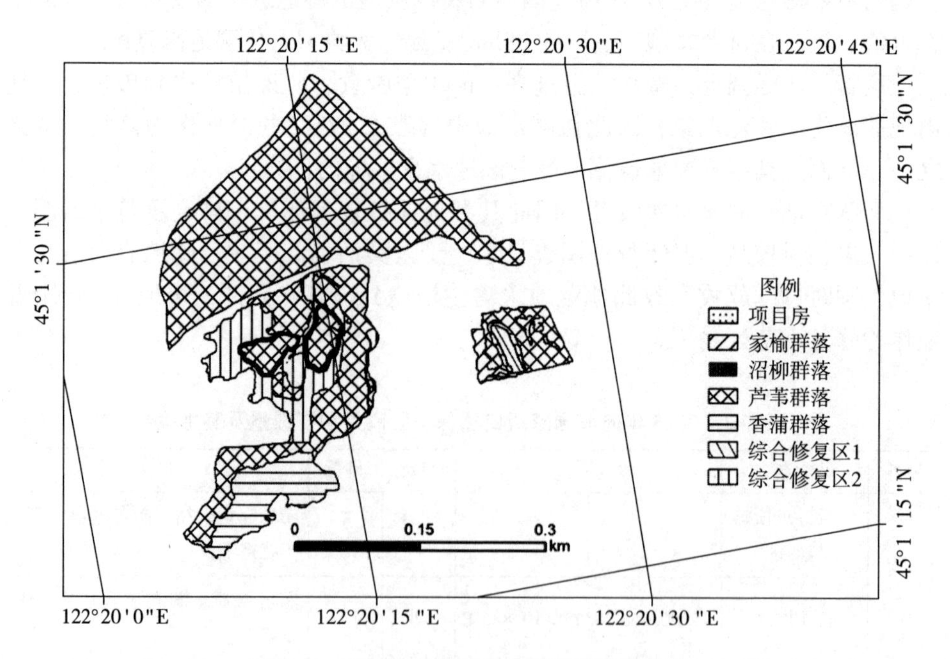

图 5-1　仙鹤岛湿地水禽生境修复规划设计

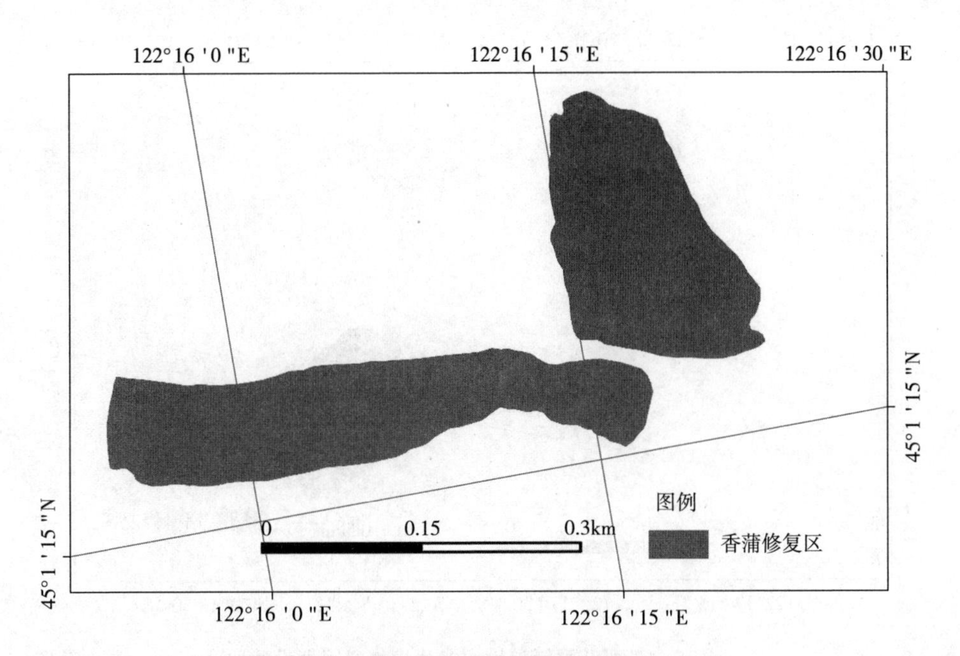

图 5-2　付老文泡湿地水禽生境修复规划设计

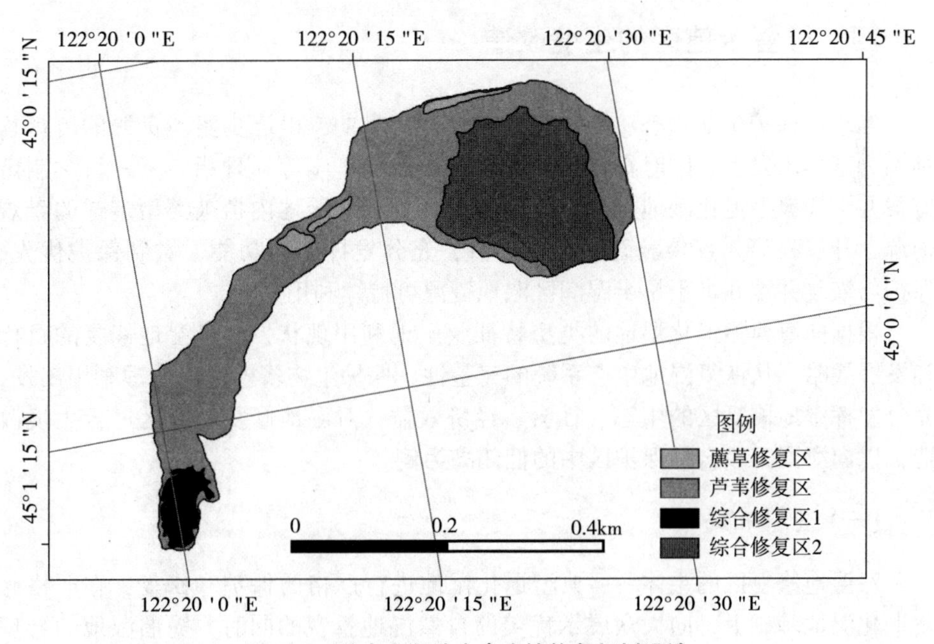

图 5-3　碱水泡湿地水禽生境修复规划设计

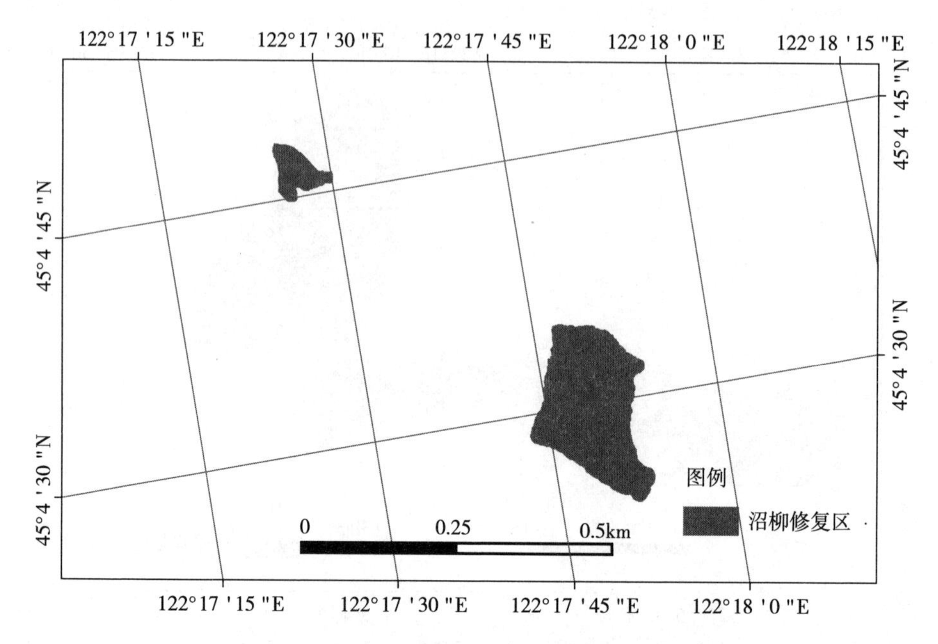

图 5-4　西队窝铺湿地水禽生境修复规划设计

四、修复示范区的生境改造

本章以保护湿地生态功能和生物多样性为目的，以逐步实现资源的可持续利用为基本出发点，同时在景观生态学与生态经济学等原理指导下，科学制定方案并实施典型退化湿地生态修复工程，充分利用湿地内植被类型多样的景观资源，开展科研、宣传教育、生态旅游，充分发挥湿地功能，做到保护优先、保护与恢复并重和半干旱半湿润区湿地资源可持续利用。

根据向海典型退化湿地的类型特征及土地利用现状，结合湿地修复的目标和发展战略，从恢复湿地生态系统的完整性、保护生物多样性和合理利用出发，充分发挥湿地修复区的生态、社会、经济效益，对湿地修复示范区进行生境改造，以向海国家级自然保护区中的仙鹤岛为例。

（一）总体布局

对湿地修复区的主体——典型退化湿地进行严格的保护和修复，在严格修复退化湿地基础上，向大众展示优美的自然湿地景观的同时，提倡湿地的合理利用。

对水禽栖息地进行严格的保护，严惩一切干扰和破坏水禽栖息地的行为。并通过保护与恢复工程，营造安全的水禽觅食栖息地。同时加强宣传教育力度，提高周边居民及游客的保护意识，有效保护水禽栖息地免受人类活动影响。

完善湿地保护措施和基础设施建设，提高湿地修复区的保护和管理能力。新建沟渠、道路、科研站、宣传牌等基础设施，通过湿地宣传牌，使其成为民众了解湿地文化的展示平台。在湿地修复区，建设湿地管理服务站及其附属配套设施等，完善保护区保护与管理能力。加强湿地的科研与生态监测。

（二）改造分区

根据修复区的地理环境、植被分布现状，将示范区划分为水生植物恢复小区、湿生植物恢复小区、湿地灌丛恢复小区。

1. 水生植物恢复小区

该区在低水位以下种植沉水植物和浮水植物，沉水植物为竹叶眼子菜和穗状狐尾藻；浮水植物为睡莲和槐叶萍；低水位以上常水位以下种植挺水植物，挺水植物为香蒲和芦苇。

2. 湿生植物恢复小区

该区在常水位以上高水位以下设湿生植物恢复小区，湿生植物主要选择藨草。

3. 湿地灌丛恢复小区

该区为湿生灌木组成的群落结构，主要选择沼柳。

（三）生境改造措施

1. 清淤修坝

对处于地势低洼、堤坝较差、基础薄弱的堤坑进行重新修筑，恢复其防洪、蓄洪功能。对于淤泥污染物较多的地区进行清理，恢复其水文条件和湿地基质的肥力从而恢复其天然湖泊的状态。

2. 建立水源调控闸

根据退化区的水资源状况，设计调水闸，以保证示范区的水源调控，同时增加调蓄量，维持示范区的水位稳定。

3. 建立管护房

在示范区外围建立围网，防止牲畜干扰破坏，建立管护房，负责试验区的日常巡护与水位监测。

五、修复示范区植物的栽培

(一) 植物物种进行筛选与栽培

根据仙鹤岛的实际状况，对植物物种进行筛选与栽培，具体如下：

1. 物种选择

所选植物非有害杂草，对周边自然环境生态遗传整体性不会构成危害；能够适应当地水生环境并快速生长繁殖；能适应当地气候，具有一定的抗病虫害能力，并具有吸收污染物、净化水质等功效。

2. 受试物种

根据向海退化湿地的水情特点和环境状况，经对比分析选用以下物种作为湿地修复的受试植物，具体如表 5-2 所示。

表 5-2 受试物种

生活型	植物种类
湿生植物	沼柳、薰草
挺水植物	香蒲、芦苇
浮水植物	睡莲、槐叶萍
沉水植物	穗状狐尾藻 竹叶眼子菜

3. 栽植物种

共选择 8 种物种栽植，分别为：竹叶眼子菜（沉水植物）、穗状狐尾藻（沉水植物）、睡莲（浮水植物）、槐叶萍（浮水植物）、芦苇（挺水植物）、香蒲（挺水植物）、沼柳（湿生植物）和薰草（湿生植物）。

(二) 环带状湿地植物群落修复方法

1. 试验材料

穗状狐尾藻、睡莲、槐叶萍、香蒲、芦苇、水葱、泽泻、薰草、兴安乳菀、碱菀、沼柳、铁锹、锄头等。

2. 试验方法

通过垂直结构设计和水平结构设计构建湿地植物群落的步骤，垂直结构设计：将下层沉水植物、中层浮水植物、上层挺水植物和环形泡周围湿生植物、湿地灌丛植物带组合优化配置于同一示范修复区；水平结构设计：对蝶状洼地形态的环形泡，由中心深处向沿岸四周进行环带状分布设计，依次为沉水植物带、浮水植物带、挺水植物带、环形泡周围湿生植物带和湿地灌丛植物带。

其中，所述的水生植物恢复小区低水位以下种植水生沉水植物和浮水植物，低水位以上、常水位以下种植挺水植物，种植方式均采用散生密植；所述的湿地灌丛恢复区为湿生灌木组成的群落结构，具体以沼柳为主，宽度约为 3 米；所述的沉水植物为竹叶眼子菜、黄花狸藻、小茨藻、穗状狐尾藻中任意一种或两种组合；所述的浮水植物为睡莲、槐叶萍、芡实中的任意一种或两种组合；所述的挺水植物为香蒲、芦苇、菖蒲、水葱、泽泻中的任意一种或两种组合；所述的湿生植物为薰草、兴安乳菀、碱菀中的任意一种或两种组合；所述的灌丛植物组成，均采用自然法定植。其中包括沼柳、柽柳中任意一种组合；这种盐沼环带状植物群落恢复方法，其特征为在该环形泡常水位以下设水生植物恢复小区，常水位以上高水位以下设湿生植物恢复小区，高水位以上设湿地灌丛恢复小区。

3. 试验地点

仙鹤岛中的环形泡。

4. 修复效果

在该环形泡常水位以下设水生植物恢复小区，常水位以上高水位以下设湿生植物恢复小区，高水位以上设湿地灌丛恢复小区；其中，所述的水生植物恢复小区在低水位以下种植沉水植物和浮水植物，低水位以上常水位以下种植挺水植物。实验表明，环带状湿地植物群落修复方法，通过科学的设计和植物组合优化配置，不仅增强了环形泡的自净能力，提高了生物多样性水平，提高了抗干扰性，还建立了稳定、良性循环的湿地生态系统。

第二节　湿地水禽生境修复效果评估技术模型的构建

本节基于压力—状态—响应原理，选取影响湿地水禽生境修复效果的指标，采用 AHP 层次分析法，并结合面积加权平均值公式，构建湿地水禽生境修复效果评价模型。

一、明确问题

基于压力—状态—响应机制，明确所包含因素、各因素之间的相互关系。根据各指标的量化特征，将盐碱率、农田率、放牧牛羊数作为压力指标；将斑块类型面积、分形维数、斑块数量、斑块密度、斑块聚集度、土壤盐度指数、水质综合污染指数、植物盖度、植物生物量为状态指标；将植物生物量、植物盖度、植物物种丰富度、水禽种类、水禽数量、鱼类重量、NDVI 指数、Simpson 多样性指数、Shannon-wiener 多样性指数作为响应指标（见图 5-5）。

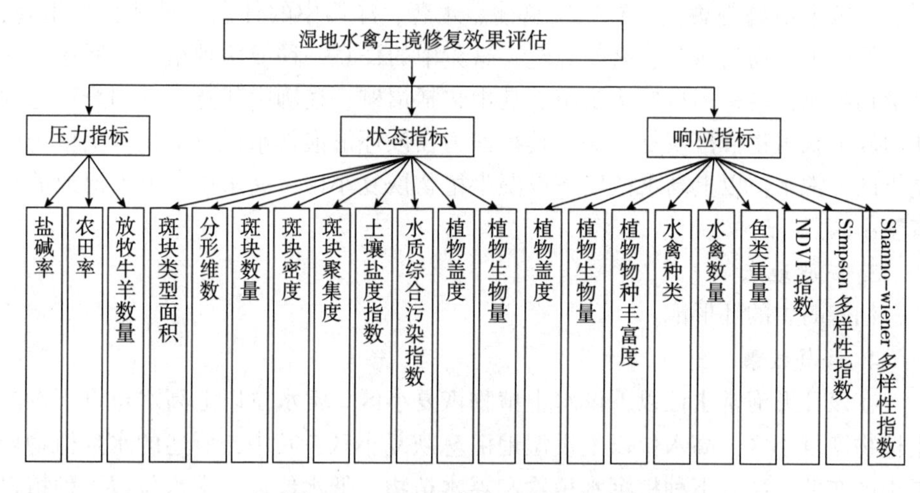

图 5-5 AHP 决策分析法层次结构

二、建立层次结构模型

将所有要素进行分组，并按照最高层（目标层）—若干中间层（准则层）—最底层（措施层）的次序排列起来，制作它们之间的常用结构图（见图 5-5）。

三、模型计算过程

根据该模型层次结构（见图 5-5），通过专家打分法构造判断矩阵，然后经过层次单排序、层次总排序以及一致性检验等步骤，得到计算结果如表 5-3 至

表 5-6 所示。

表 5-3　目标层—准则层判断矩阵及排序

	压力指标	状态指标	响应指标	权重 W_i
压力指标	1.00	0.33	0.25	0.1220
状态指标	3.00	1.00	0.50	0.3196
响应指标	4.00	2.00	1.00	0.5584

注：一致性比例（CR）= 0.0176<0.1。

表 5-4　准则层—对象层压力指标判断矩阵及排序

压力指标	盐碱率	农田率	放牧牛羊数量	权重 W_i
盐碱率	1.00	0.33	0.50	0.1634
农田率	3.00	1.00	2.00	0.5396
放牧牛羊数量	2.00	0.50	1.00	0.2970

注：一致性比例（CR）= 0.0088<0.1。

表 5-5　准则层—对象层状态指标判断矩阵及排序

状态指标	斑块类型面积	分形维数	斑块数量	斑块密度	斑块聚集度	植物生物量	植物盖度	水质综合污染指数	土壤盐度指数	权重 W_i
斑块类型面积	1.00	2.00	2.00	2.00	2.00	0.50	0.50	0.50	0.50	0.0938
分形维数	0.50	1.00	2.00	2.00	0.50	0.33	0.33	0.33	0.33	0.0576
斑块数量	0.50	0.50	1.00	2.00	0.50	0.33	0.25	0.25	0.25	0.0448
斑块密度	0.50	0.50	0.50	1.00	0.50	0.33	0.25	0.33	0.17	0.0379
斑块聚集度	0.50	2.00	2.00	2.00	1.00	0.50	0.50	0.50	0.33	0.0769
植物生物量	2.00	3.00	3.00	3.00	2.00	1.00	0.50	0.50	0.50	0.1253
植物盖度	2.00	3.00	4.00	4.00	2.00	2.00	1.00	0.50	0.50	0.1558
水质综合污染指数	2.00	3.00	4.00	3.00	2.00	2.00	2.00	1.00	0.50	0.1760
土壤盐度指数	2.00	3.00	4.00	6.00	3.00	2.00	2.00	2.00	1.00	0.2320

注：一致性比例（CR）= 0.0272<0.1。

表 5-6 准则层—对象层响应指标判断矩阵及排序

响应指标	水禽种类	水禽数量	鱼类重量	植物生物量	植物盖度	植物物种丰富度	NDVI指数	Simpson多样性指数	Shannon-wiener多样性指数	权重 W_i
水禽种类	1.00	0.50	0.25	0.50	0.25	0.50	0.33	0.33	0.33	0.0388
水禽数量	2.00	1.00	0.25	0.50	0.33	0.50	0.50	0.50	0.33	0.0512
鱼类重量	4.00	4.00	1.00	3.00	2.00	3.00	2.00	2.00	2.00	0.2269
植物生物量	2.00	2.00	0.33	1.00	0.50	0.50	0.50	0.50	0.50	0.0674
植物盖度	4.00	3.00	0.50	2.00	1.00	3.00	2.00	2.00	2.00	0.1801
植物物种丰富度	2.00	2.00	0.33	2.00	0.33	1.00	0.50	0.50	0.50	0.0752
NDVI 指数	3.00	2.00	0.50	2.00	0.50	2.00	1.00	0.50	0.50	0.1004
Simpson 多样性指数	3.00	2.00	0.50	2.00	0.50	2.00	2.00	1.00	0.50	0.1171
Shannon-wiener 多样性指数	3.00	3.00	0.50	2.00	0.50	2.00	2.00	2.00	1.00	0.1429

注：一致性比例（CR）= 0.0271<0.1。

由表 5-3 至表 5-6 可知，四个判断矩阵一致性比例值均在 0~1，通过一致性检验，并得出每个评价指标的最终权重值，如表 5-7 所示。

表 5-7 各评价指标的权重

目标层	准则层	对象层	权重
湿地水禽生境修复效果评估	压力指标	盐碱率	0.0199
		农田率	0.0658
		放牧牛羊数量	0.0362
	状态指标	斑块类型面积	0.0300
		分形维数	0.0184
		斑块数量	0.0143
		斑块密度	0.0121
		斑块聚集度	0.0246
		植物生物量	0.0400
		植物盖度	0.0498
		水质综合污染指数	0.0563
		土壤盐度指数	0.0741

续表

目标层	准则层	对象层	权重
湿地水禽生境修复效果评估	响应指标	水禽种类	0.0217
		水禽数量	0.0286
		鱼类重量	0.1267
		植物物种丰富度	0.0420
		NDVI 指数	0.0561
		Simpson 多样性指数	0.0654
		Shannon-wiener 多样性指数	0.0798
		植物生物量	0.0377
		植物盖度	0.1005

四、数据标准化

根据上述压力—状态—响应指标，结合式（5-1）对其进行总和标准化，使得数值处于0~1。采用AHP层次分析法分别计算各评价指标对湿地水禽生境修复效果评估的权重，然后结合面积加权平均值式（5-2）计算每个湿地修复示范区的综合修复效果指数，构建湿地水禽生境修复效果评估技术模型，对湿地水禽生境修复效果评估技术进行评价。

总和标准化：

$$X'_i = \frac{X_i}{\sum_{i=1}^{m} X_i} \tag{5-1}$$

式中，i为样本数；m为年份。

面积加权平均值：

$$ST = \frac{\sum_{i=1}^{n} S_i X'_i}{\sum_{i=1}^{n} S_i}(i\text{ 为 }1,\ 2,\ \cdots,\ n) \tag{5-2}$$

式中，S_i 为第n个样本数的面积。

第三节 湿地水禽生境修复效果评估

以 ArcGIS10.2、ENVI 等遥感软件为技术支撑，结合野外调查与监测，分别对 2015~2017 年仙鹤岛、付老文泡、碱水泡、西队窝铺四个修复示范区以及整体示范区的湿地水禽生境修复效果进行评价。

经过前期野外调查可知，仙鹤岛以芦苇群落、香蒲群落、藨草群落以及综合修复示范群落为主；付老文泡以香蒲群落为主；碱水泡以芦苇群落、藨草群落以及综合修复群落为主；西队窝铺主要以沼柳群落为主。因此，主要通过四个修复区中的典型群落分别对四个修复区以及整体修复区的湿地水禽生境恢复效果进行评价。

一、植物指标

(一) 野外样方调查与统计方法

根据四个修复示范区的实际情况，2015~2017 年对四个修复示范区进行植物样方调查，主要调查修复示范区中典型植物群落的高度、盖度、频度、鲜重、干重等指标。通过室内数据处理，计算 2015~2017 年每个修复示范区典型植物样方的植物盖度、植物生物量、物种丰富度指数、Simpson 多样性指数、Pielou 均匀度指数以及 Shannon-wiener 多样性指数，具体方法如下：

1. 植物盖度

指植被在地面的垂直投影面积占统计区总面积的百分比。

2. 植物生物量

指单位面积的湿地范围内存在的湿地植物的总质量。

3. 物种丰富度指数

$$R=S \tag{5-3}$$

式中，R 为物种丰富多样性，S 为每个样地出现的物种数。

4. Simpson 多样性指数

指一种简便的测定群落中物种多样性的指数。用于判断群落物种多样性，群落中种数越多，各种个体分配越均匀，指数越高，指示群落多样性越好。计算公式如式（4-4）所示。

5. Shannon-wiener 多样性指数

在 Shannon-wiener 多样性指数中，包含着两个成分：种数和各种间个体分配的均匀性。各种之间，个体分配越均匀，H′值就越大。如果每一个体都属于不同的种，多样性指数就最大；如果每一个体都属于同一种，则其多样性指数就最小。计算公式如式（4-3）所示。

6. Pielou 均匀度指数

Pielou 均匀度指数可以通过估计群落的理论上的最大多样性指数（Hmax），然后以实际的多样性指数对 Hmax 的比率获得。计算公式如式（4-5）所示。

通过数据处理，分别选取 2015~2017 年仙鹤岛、付老文泡、碱水泡以及西队窝铺的典型植物样方数据，利用 SPSS 软件，计算各区典型植物样方的指标以及每个植物群落指标的平均值。

（二）调查结果与分析

1. 仙鹤岛

仙鹤岛以芦苇群落、香蒲群落、藨草群落为主，每个植物群落的 3 个典型样方，分别计算每个植物群落各样方于 2015~2017 年植物盖度、植物生物量、植被物种丰富度、Simpson 多样性指数、Pielou 均匀度指数以及 Shannon-wiener 多样性指数及其增长率，并计算仙鹤岛每个植物群落指标的平均值，如表 5-8 至表 5-13 所示。

表 5-8　仙鹤岛芦苇群落

指数值	典型样方 1			典型样方 2			典型样方 3		
	45°1′28.74″N 122°20′19.679″E			45°1′25.253″N 122°20′15.48″E			45°1′25.22″N 122°20′11.846″E		
	2015 年	2017 年	增长率（%）	2015 年	2017 年	增长率（%）	2015 年	2017 年	增长率（%）
植物盖度（%）	10.00	15.00	50.00	14.00	20.00	42.00	7.00	10.00	42.85
植物生物量（g）	206.00	287.00	39.00	303.80	365.10	20.00	225.00	278.00	23.55
植被物种丰富度	2	2	—	2	3	50.00	2	2	—
Simpson 多样性指数	0.3096	0.3270	5.62	0.3555	0.3978	11.80	0.0588	0.1372	133.40
Pielou 均匀度指数	0.7046	0.7335	4.11	0.7802	0.6117	-21.59	0.1960	0.2404	22.68
Shannon-wiener 多样性指数	0.4884	0.5085	4.10	0.5408	0.6721	24.27	0.1358	0.2641	94.45

注：表中“—”为在修复示范区中无此典型植物群落指标。

表 5-9　仙鹤岛薰草群落

指数值	典型样方 1			典型样方 2			典型样方 3		
	45°1′23.4″N 122°20′24.706″E			45°1′31.6″N 122°20′16.924″E			45°1′25.572″N 122°20′13.865″E		
	2015年	2017年	增长率（%）	2015年	2017年	增长率（%）	2015年	2017年	增长率（%）
植物盖度（%）	45.00	64.00	42.22	51.00	72.00	41.18	31.00	44.00	41.19
植物生物量（g）	155.90	187.10	20.00	146.30	186.50	27.48	348.20	432.00	24.07
植被物种丰富度	3	3	—	2	3	50.00	4	5	25.00
Simpson 多样性指数	0.0811	0.1049	29.39	0.0135	0.0312	132.73	0.0751	0.1091	31.23
Pielou 均匀度指数	0.1778	0.2148	20.78	0.0586	0.0834	42.32	0.1434	0.1722	20.08
Shannon - wiener 多样性指数	0.1953	0.2359	23.49	0.0406	0.09161	125.58	0.1988	0.2772	39.42

注：表中“—”为在修复示范区中无此典型植物群落指标。

表 5-10　仙鹤岛香蒲群落

指数值	典型样方 1			典型样方 2			典型样方 3		
	45°1′25.944″N 122°20′15.658″E			45°1′27.351″N 122°20′25.397″E			45°1′23.939″N 122°20′24.103″E		
	2015年	2017年	增长率（%）	2015年	2017年	增长率（%）	2015年	2017年	增长率（%）
植物盖度（%）	57.00	80.00	40.35	21.00	30.00	42.86	60.00	85.00	41.67
植物生物量（g）	72.08	86.50	20.01	143.20	185.40	29.46	247.00	321.00	29.96
植被物种丰富度	2	3	50.00	4	4	—	5	6	20.00
Simpson 多样性指数	0.0282	0.4567	171.34	0.5508	0.5636	2.31	0.3497	0.4009	14.64
Pielou 均匀度指数	0.1742	0.6356	264.84	0.6626	0.6788	2.44	0.4153	0.4482	7.91
Shannon - wiener 多样性指数	0.1208	0.6983	478.27	0.9186	0.9411	2.44	0.6684	0.8030	20.41

注：表中“—”为在修复示范区中无此典型植物群落指标。

表 5-11 仙鹤岛典型植物群落的平均值

物种	芦苇			香蒲			藨草		
	2015年	2017年	增长率（%）	2015年	2017年	增长率（%）	2015年	2017年	增长率（%）
植物盖度（%）	10.33	15.00	45.20	46.00	65.00	63.04	42.33	60.00	41.74
植物生物量（g）	244.93	310.03	26.57	154.09	197.63	28.25	216.80	268.53	23.86
植被物种丰富度	2.00	2.33	16.50	3.67	4.33	17.98	3.00	3.67	22.33
Simpson 多样性指数	0.2413	0.2873	19.05	0.3100	0.4737	52.80	0.0565	0.0818	44.70
Pielou 均匀度指数	0.5602	0.5295	-5.46	0.4200	0.5900	40.47	0.1266	0.1568	23.85
Shannon - wiener 多样性指数	0.3883	0.4815	23.99	0.5690	0.8140	43.05	0.1449	0.2016	39.10

表 5-12 仙鹤岛综合修复区

指数值	典型样方 1			典型样方 2			典型样方 3		
	45°01′24.736″N 122°20′24.358″E			45°01′24.363″N 122°20′23.347″E			45°01′24.243″N 122°20′24.686″E		
	2015年	2017年	增长率（%）	2015年	2017年	增长率（%）	2015年	2017年	增长率（%）
植被盖度（%）	21.50	31.50	46.51	21.50	31.60	46.97	20.5	29.50	43.90
植物生物量（g）	72.50	91.00	25.52	76.50	94.70	23.79	73.50	93.50	27.21
植被物种丰富度	2	2	—	2	3	50	2	2	—
Simpson 多样性指数	0.4890	0.4968	1.58	0.3655	0.4991	36.55	0.4861	0.4898	0.75
Pielou 均匀度指数	0.6209	0.6280	11.35	0.7961	0.7661	-3.76	0.9799	0.9852	0.54
Shannon - wiener 多样性指数	0.6821	0.6899	1.14	0.5518	0.8417	52.52	0.6792	0.6829	0.54

注：表中“—”为在修复示范区中无此典型植物群落指标。

表 5-13 仙鹤岛综合修复区平均值

	2015年	2017年	增长率（%）
植被盖度（%）	21.17	30.87	45.83
植物生物量（g）	74.17	93.07	25.48

续表

	2015年	2017年	增长率（%）
植被物种丰富度	2.00	2.33	16.67
Simpson 多样性指数	0.4469	0.4952	10.8200
Pielou 均匀度指数	0.8007	0.7931	-0.9400
Shannon-wiener 多样性指数	0.6377	0.7389	15.7500

2015~2017年仙鹤岛芦苇修复样方植被盖度由10.33%三个典型样方的平均值增长到15%，增长了4.67%，增长率为45.2%，植物生物量由244.93g增长到310.03g，增长了65.1g，增长率为26.57%，植被物种丰富度由2增加到2.33，增加了0.33，增长率为16.5%，Simpson多样性指数由0.2413增加到0.2873，增长了0.0460，增长率为19.05%，Pielou均匀度指数由0.5602减少到0.5295，减少了0.0307，增长率为-5.46%，Shannon-wiener多样性指数由0.3883增长到0.4815，增加了0.0932，增长率为23.99%。

2015~2017年仙鹤岛藨草修复样方植被盖度由42.33%增长到60.00%，增长了17.67%，增长率为41.74%，植物生物量由216.80g增长到268.53g，增长了51.73g，增长率为23.86%，植被物种丰富度由3增加到3.67，增加了0.67，增长率为22.33%，Simpson多样性指数由0.0565增加到0.0818，增长了0.0253，增长率为44.7%，Pielou均匀度指数由0.1266增加到0.1568，增加了0.0302，增长率为23.85%，Shannon-wiener多样性指数由0.1449增长到0.2016，增加了0.0567，增长率为39.1%。

2015~2017年仙鹤岛香蒲修复样方植被盖度由46%增长到65%，增长了19%，增长率为63.04%，植物生物量由154.09g增长到197.63g，增长了43.54g，增长率为28.25%，植被物种丰富度由3.67增加到4.33，增加了0.66，增长率为17.98%，Simpson多样性指数由0.3100增加到0.4737，增长了0.1637，增长率为52.8%，Pielou均匀度指数由0.4200增加到0.5900，增加了0.1700，增长率为40.47%，Shannon-wiener多样性指数由0.5690增长到0.8140，增加了0.2450，增长率为43.05%。

如表5-12、表5-13所示，2015~2017年仙鹤岛综合修复样方植被盖度由21.17%增长到30.87%，增长了9.7%，增长率为45.83%，植物生物量由74.17g增长到93.07g，增长了18.9g，增长率为25.48%，植被物种丰富度由2增加到2.33，增加了0.33，增长率为16.67%，Simpson多样性指数由0.4469增加到0.4952，增长了0.0484，增长率为10.8200%，Pielou均匀度指数由

0.8007 减少到 0.7931，减少了 0.0076，增长率为-0.9400%，Shannon-wiener 多样性指数由 0.6377 增长到 0.7389，增加了 0.1005，增长率为 15.7500%。

由表 5-8 至表 5-13 可知，仙鹤岛各植物群落指标均呈现较好的变化特征，说明该区湿地植物长势较好。

2. 付老文泡

付老文泡以香蒲群落为主，分别选取 2015 年与 2017 年 3 个典型香蒲群落样方，计算每个样方的植物盖度、植物生物量、植被物种丰富度、Simpson 多样性指数、Pielou 均匀度指数以及 Shannon-wiener 多样性指数及其增长率，并计算付老文泡每个植物群落指标的平均值，如表 5-14 至表5-15 所示。

表 5-14　付老文泡香蒲群落

指数值	典型样方 1			典型样方 2			典型样方 3		
	45°1′19.34″N 122°16′19.309″E			45°1′23.382″N 122°16′17.561″E			45°1′21.412″N 122°16′17.739″E		
	2015 年	2017 年	增长率（%）	2015 年	2017 年	增长率（%）	2015 年	2017 年	增长率（%）
植物盖度（%）	33.00	47.00	42.00	34.00	48.00	41.18	27.00	38.00	40.74
植物生物量（g）	645.00	807.00	25.11	567.00	708.00	24.87	517.00	646.00	24.95
植被物种丰富度	4	4	—	4	4	—	3	4	33.33
Simpson 多样性指数	0.4097	0.4666	13.88	0.3817	0.4120	7.95	0.5558	0.6102	9.80
Pielou 均匀度指数	0.5692	0.6311	10.86	0.5341	0.5851	9.54	0.8597	0.7770	9.68
Shannon-wiener 多样性指数	0.7891	0.8748	10.86	0.7404	0.8111	9.54	0.9444	1.0772	14.05

注：表中“—”为在修复示范区中无此典型植物群落指标。

表 5-15　付老文泡香蒲群落平均值

	2015 年	2017 年	增长率（%）
植物盖度（%）	31.33	44.33	43.33
植物生物量（g）	576.33	702.33	21.86
植被物种丰富度	3.67	4.00	8.99
Simpson 多样性指数	0.4490	0.4963	10.5200
Pielou 均匀度指数	0.6543	0.6644	1.5300
Shannon-wiener 多样性指数	0.8246	0.9210	11.6800

2015~2017 年付老文泡香蒲修复样方植被盖度由 31.33%增长到 44.33%，增长了 13%，增长率为 43.33%，植物生物量由 576.33g 增长到 702.33g，增长了 126g，增长率为 21.86%，植被物种丰富度由 3.67 增加到 4.00，增加了 0.33，增长率为 8.99%，Simpson 多样性指数由 0.4490 增加到 0.4963，增长了 0.0473，增长率为 10.52%，Pielou 均匀度指数由 0.6543 增加到 0.6644，增加了 0.0101，增长率为 1.53%，Shannon-wiener 多样性指数由 0.8246 增长到 0.9210，增加了 0.0964，增长率为 11.68%。

由表 5-15 可知，2015~2017 年付老文泡香蒲群落平均值呈逐渐增高特征，其中，植物盖度、植物生物量、Simpson 多样性指数、Shannon-wiener 多样性指数增长率较高，表明付老文泡香蒲群落生长较好。

3. 碱水泡

碱水泡以芦苇群落、香蒲群落以及藨草群落为主，每个植物群落分别选取 2015 年与 2017 年 3 个典型香蒲群落样方，计算每个样方的植物盖度、植物生物量、植被物种丰富度、Simpson 多样性指数、Pielou 均匀度指数以及 Shannon-wiener 多样性指数及其增长率，并计算碱水泡每个植物群落指标的平均值，如表 5-16 至表 5-21 所示。

表 5-16 碱水泡芦苇群落

指数值	典型样方 1			典型样方 2			典型样方 3		
	45°1′26.68″N 122°20′12.127″E			45°1′26.88″N 122°20′12.137″E			45°1′26.14″N 122°20′13.18″E		
	2015 年	2017 年	增长率（%）	2015 年	2017 年	增长率（%）	2015 年	2017 年	增长率（%）
植物盖度（%）	34.00	48.00	41.18	32.00	46.00	43.75	38.00	54.00	42.11
植物生物量（g）	1385.00	1825.00	31.77	145.00	180.30	24.34	107.00	110.00	2.80
植被物种丰富度	4	4	—	4	6	50.00	2	2	—
Simpson 多样性指数	0.0176	0.0193	100.17	0.0691	0.1602	131.75	0.1273	0.1653	29.83
Pielou 均匀度指数	0.0409	0.4376	969.92	0.1329	0.2306	73.57	0.3596	0.4395	22.20
Shannon-wiener 多样性指数	0.0567	0.0607	7.00	0.1842	0.4132	124.34	0.2493	0.3046	22.20

注：表中“—”为在修复示范区中无此典型植物群落指标。

表 5-17　碱水泡香蒲群落

指数值	典型样方 1			典型样方 2			典型样方 3		
	45°1′20. 884″N 122°20′12. 279″E			44°59′51. 18″N 122°20′88. 26″E			44°59′57. 663″N 122°20′02. 19″E		
	2015 年	2017 年	增长率（%）	2015 年	2017 年	增长率（%）	2015 年	2017 年	增长率（%）
植物盖度（%）	25. 00	35. 00	40. 00	55. 00	78. 00	41. 82	51. 00	72. 00	41. 18
植物生物量（g）	41. 70	54. 30	30. 22	482. 00	604. 20	25. 35	54. 10	65. 00	20. 15
植被物种丰富度	2	3	50. 00	2	2	—	3	3	—
Simpson 多样性指数	0. 3397	0. 3865	13. 77	0. 2043	0. 2334	14. 24	0. 6109	0. 6507	6. 51
Pielou 均匀度指数	0. 7544	0. 6150	−18. 47	0. 5162	0. 5707	10. 54	0. 9285	0. 9791	5. 44
Shannon - wiener 多样性指数	0. 5229	0. 6757	29. 20	0. 3578	0. 3956	10. 54	1. 0201	1. 0756	4. 94

注：表中“—”为在修复示范区中无此典型植物群落指标。

表 5-18　碱水泡藨草群落

指数值	典型样方 1			典型样方 2			典型样方 3		
	45°0′0. 365″N 122°20′03. 877″E			45°0′02. 846″N 122°20′05. 73″E			45°1′26. 852″N 122°20′13. 4″E		
	2015 年	2017 年	增长率（%）	2015 年	2017 年	增长率（%）	2015 年	2017 年	增长率（%）
植物盖度（%）	45. 00	63. 00	40. 00	38. 00	53. 00	39. 47	47. 00	69. 00	42. 81
植物生物量（g）	205. 00	268. 20	30. 83	125. 20	165. 10	31. 87	130. 00	150. 00	15. 38
植被物种丰富度	2	2	—	6	6	—	4	6	50. 00
Simpson 多样性指数	0. 1007	0. 1261	25. 15	0. 1815	0. 1936	6. 70	0. 0531	0. 0924	74. 21
Pielou 均匀度指数	0. 2998	0. 3569	19. 04	0. 2352	0. 2478	5. 37	0. 1102	0. 1473	33. 69
Shannon - wiener 多样性指数	0. 2078	0. 2474	19. 04	0. 4214	0. 4440	5. 48	0. 1528	0. 2640	72. 80

注：表中“—”为在修复示范区中无此典型植物群落指标。

表 5-19　碱水泡典型植物群落平均值

物种	芦苇			香蒲			藨草		
	2015年	2017年	增长率（%）	2015年	2017年	增长率（%）	2015年	2017年	增长率（%）
植物盖度（%）	34.67	49.33	42.28	43.67	61.67	41.21	43.33	61.67	42.33
植物生物量（g）	545.67	705.10	29.21	192.60	241.17	25.21	153.40	194.43	26.75
植被物种丰富度	3.33	4.00	20.12	2.33	2.67	14.59	3.00	4.67	55.67
Simpson 多样性指数	0.0713	0.1149	61.13	0.3850	0.4235	10.02	0.1118	0.1374	22.95
Pielou 均匀度指数	0.1778	0.3692	107.67	0.7331	0.7216	-1.56	0.2151	0.2507	16.55
Shannon - wiener 多样性指数	0.1634	0.2595	58.82	0.6336	0.7156	12.94	0.2606	0.3184	22.18

表 5-20　碱水泡综合修复区

指数值	典型样方 1			典型样方 2			典型样方 3		
	45°0′08.297″N 122°20′27.384″E			45°0′29.513″N 122°20′26.179″E			45°0′09.442″N 122°20′24.032″E		
	2015年	2017年	增长率（%）	2015年	2017年	增长率（%）	2015年	2017年	增长率（%）
植被盖度（%）	20.00	26.30	31.50	33.50	39.00	16.41	19.50	30.50	56.41
植物生物量（g）	77.50	231.00	30.62	87.50	97.00	10.86	68.00	85.00	25.00
植被物种丰富度	2	3	50.00	2	3	50.00	2	2	—
Simpson 多样性指数	0.4761	0.4939	3.72	0.3595	0.4168	15.92	0.4900	0.4985	1.73
Pielou 均匀度指数	0.9653	0.6484	32.82	0.7866	0.5687	2.77	0.9856	0.6296	-36.12
Shannon - wiener 多样性指数	0.6691	0.7124	6.47	0.5452	0.6248	14.58	0.6831	0.6917	1.25

注：表中“—”为在修复示范区中无此典型植物群落指标。

表 5-21　碱水泡综合修复区平均值

	2015 年	2017 年	增长率（%）
植被盖度（%）	24.33	31.93	31.23
植物生物量（g）	77.67	137.67	77.24

续表

	2015年	2017年	增长率（%）
植被物种丰富度	2.00	2.67	33.50
Simpson 多样性指数	0.4419	0.4697	6.2900
Pielou 均匀度指数	0.9125	0.6156	-32.5200
Shannon-wiener 多样性指数	0.6325	0.6763	6.9300

如图5-19所示，2015~2017年碱水泡芦苇修复样方植被盖度由34.67%增长到49.33%，增长了12.66%，增长率为42.28%，植物生物量由545.67g增长到705.1g，增长了159.43g，增长率为29.21%，植被物种丰富度由3.33增加到4，增加了0.67，增长率为20.12%，Simpson多样性指数由0.0713增加到0.1149，增长了0.0430，增长率为61.13%，Pielou均匀度指数由0.1778增加到0.3692，增加了0.1914，增长率为107.67%，Shannon-wiener多样性指数由0.1634增长到0.2595，增加了0.0961，增长率为58.82%。

2015~2017年碱水泡香蒲修复样方植被盖度由43.67%增长到61.67%，增长了18%，增长率为41.21%，植物生物量由192.6g增长到241.17g，增长了48.57g，增长率为25.21%，植被物种丰富度由2.33增加到2.67，增加了0.34，增长率为14.59%，Simpson多样性指数由0.3850增加到0.4235，增长了0.0385，增长率为10.02%，Pielou均匀度指数由0.7331减少到0.7216，减少了0.0115，增长率为-1.56%，Shannon-wiener多样性指数由0.6336增长到0.7156，增加了0.0820，增长率为12.94%。

2015~2017年碱水泡藨草修复样方植被盖度由43.33%增长到61.67%，增长了18.34%，增长率为42.33%，植物生物量由153.4g增长到194.43g，增长了41.03g，增长率为26.75%，植被物种丰富度由3增加到4.67，增加了1.67，增长率为55.67%，Simpson多样性指数由0.1118增加到0.1374，增长了0.0257，增长率为22.95%，Pielou均匀度指数由0.2151增加到0.2507，增加了0.0356，增长率为16.55%，Shannon-wiener多样性指数由0.2606增长到0.3184，增加了0.0578，增长率为22.18%。

如表5-20、表5-21所示，2015~2017年碱水泡综合修复样方植被盖度由24.33%增长到31.93%，增长了7.6%，增长率为31.23%，植物生物量由77.67g增长到137.67g，增长了60g，增长率为77.24%，植被物种丰富度由2增加到2.67，增加了0.67，增长率为33.5%，Simpson多样性指数由0.4419增加到0.4697，增长了0.0278，增长率为6.29%，Pielou均匀度指数由0.9125减少到0.6156，减少了0.2969，增长率为32.52%，Shannon-wiener多样性指数由0.6325增长到0.6763，增加了0.0438，增长率为6.93%。

根据2015~2017年碱水泡典型群落的各项指标的变化特征，表明该地典型植物群落长势情况较好。

4. 西队窝铺

西队窝铺以沼柳群落为主，分别选取2015年与2017年3个典型沼柳群落样方，计算每个样方的植物盖度、植物生物量、植被物种丰富度、Simpson多样性指数、Pielou均匀度指数以及Shannon-wiener多样性指数及其增长率，并计算西队窝铺每个沼柳群落指标的平均值，结果如表5-22和表5-23所示。

表5-22 西队窝铺沼柳群落

指数值	典型样方1			典型样方2			典型样方3		
	45°4′29.751″N 122°17′46.718″E			45°4′29.956″N 122°17′45.306″E			45°4′28.981″N 122°17′45.8″E		
	2015年	2017年	增长率(%)	2015年	2017年	增长率(%)	2015年	2017年	增长率(%)
植物盖度（%）	19.00	27.00	42.11	11.00	15.00	36.36	6.00	8.00	33.33
植物生物量（g）	88.00	110.00	25.00	78.00	97.00	24.36	71.00	88.00	23.94
植被物种丰富度	4	5	25.00	3	4	33.33	5	5	—
Simpson多样性指数	0.5238	0.6444	23.01	0.0977	0.4803	391.73	0.6195	0.6560	5.88
Pielou均匀度指数	0.6892	0.7701	11.73	0.2124	0.6595	210.48	0.7457	0.7902	5.95
Shannon-wiener多样性指数	0.9555	1.2394	29.71	0.2334	0.9143	291.00	1.2002	1.2717	5.95

注：表中“—”为在修复示范区中无此典型植物群落指标。

表5-23 西队窝铺沼柳群落平均值

	2015年	2017年	增长率（%）
植物盖度（%）	12.00	16.67	38.92
植物生物量（g）	79.00	98.33	24.46
植被物种丰富度	4.00	4.67	16.75
Simpson多样性指数	0.4137	0.5935	43.4800
Pielou均匀度指数	0.5491	0.7399	34.7400
Shannon-wiener多样性指数	0.7964	1.1418	43.3700

由表 5-23 可知，西队窝铺沼柳修复样方 2015 年到 2017 年植被盖度由 12%增长到 16.67%，增长了 4.67%，增长率为 38.92%，植物生物量由 79g 增长到 98.33g，增长了 19.33g，增长率为 24.46%，植被物种丰富度由 4 增加到 4.67，增加了 0.67，增长率为 16.75%，Simpson 多样性指数由 0.4137 增加到 0.5935，增长了 0.1799，增长率为 43.48%，Pielou 均匀度指数由 0.5491 增加到 0.7399，增加了 0.1908，增长率为 34.74%，Shannon-wiener 多样性指数由 0.7964 增长到 1.1418，增加了 0.3454，增长率为 43.37%。

分析结果可得，2015~2017 年西队窝铺沼柳群落各指标较高，表明此地沼柳群落长势较好。

2015~2017 年四个修复示范区的植物盖度、植物生物量、Simpson 多样性指数以及 Shannon-wiener 多样性指数增长率较高，并结合相关学者的参考文献，可知这些指标可以反映湿地水禽生境情况，因此将植物盖度、植物生物量选为湿地水禽生境修复效果的状态评价指标，而 Simpson 多样性指数以及 Shannon-wiener 多样性指数选为湿地水禽生境修复效果的响应评价指标。

二、景观指标

根据向海国家级自然保护区自然概况，参考相关文献，选取斑块类型面积、斑块数量、斑块密度、分维数以及斑块聚集度作为描述 2015~2017 年仙鹤岛、付老文泡、碱水泡以及西队窝铺修复示范区各植物群落变化的状态指标，具体公式如表 5-24 所示。

表 5-24　景观指数公式及意义

景观指数	公式		景观意义
斑块类型面积	$CA = \sum_{j=1}^{n} a_{ij}$	CA 为某一种湿地类型的面积；a_{ij} 为湿地斑块 ij 的面积，i 为某种湿地类型；j 为某单个斑块	指景观斑块大小的构成特征，既反映景观的动态变化趋势，也表明景观的稳定性特征
斑块数量	$NP = N_i$	N_i 为景观中 i 类型斑块数	表征地类的斑块个数多少的量化指标
斑块密度	$PD = N/A \times 10000 \times 100$ $PD > 0$	N 为景观中斑块类型的数量；A 为所有景观的总面积	PD 越大，则斑块越小，破碎化程度越高

续表

景观指数	公式		景观意义
分维数	FRAC = 2ln(P/4)/ln(A)	P 为斑块周长，A 为斑块面积	FRACT 值越大，表明斑块形状越复杂；反之，越简单
斑块聚集度	$AI=\frac{g_{ii}}{max\to g_{ii}}$	g_{ii}为相应景观类型的相似邻接斑块数量	AI 值越大，表明斑块的聚集程度越高

利用 ArcGIS10. 2 对各修复示范区的每种典型植被群落进行栅格处理，并采用 Fragstats4. 2 软件分别计算 2015 年与 2017 年的修复示范区典型植物群落的景观指数，得到表 5-25 至表 5-29。

表 5-25　2015~2017 年各修复示范区斑块类型面积　　单位：hm^2

典型修复群落	仙鹤岛		付老文泡		碱水泡		西队窝铺	
	2015 年	2017 年	2015 年	2017 年	2015 年	2017 年	2015 年	2017 年
芦苇群落	5. 5786	6. 6452	—	—	5. 7608	3. 4672	—	—
香蒲群落	0. 1171	0. 4280	5. 8853	7. 2699	—	—	—	—
藨草群落	0. 0830	0. 6104	—	—	0. 1476	0. 2472	—	—
沼柳群落	—	—	—	—	—	—	3. 9744	5. 1639
综合修复群落	1. 8820	1. 9446	—	—	3. 9776	3. 5328	—	—

注：表中“—”表示在修复示范区中无此类典型植物群落。

表 5-26　2015~2017 年各修复示范区斑块数量

典型修复群落	仙鹤岛		付老文泡		碱水泡		西队窝铺	
	2015 年	2017 年	2015 年	2017 年	2015 年	2017 年	2015 年	2017 年
芦苇群落	14	18	—	—	1	1	—	—
香蒲群落	8	5	2	2	—	—	—	—
藨草群落	13	12	—	—	2	3	—	—
沼柳群落	—	—	—	—	—	—	4	2
综合修复群落	18	18	—	—	2	2	—	—

注：表中“—”表示在修复示范区中无此类典型植物群落。

表 5-27　2015~2017 年各修复示范区斑块密度　　单位：N/km²

典型修复群落	仙鹤岛		付老文泡		碱水泡		西队窝铺	
	2015 年	2017 年	2015 年	2017 年	2015 年	2017 年	2015 年	2017 年
芦苇群落	137.1756	176.3686	—	—	9.8433	9.8437	—	—
香蒲群落	78.386	48.9913	27.1459	27.1359	—	—	—	—
藨草群落	127.3773	117.579	—	—	19.6874	29.531	—	—
沼柳群落	—	—	—	—	—	—	32.2085	16.1179
综合修复群落	176.3686	176.3686	—	—	19.6874	19.6874	—	—

注：表中“—”表示在修复示范区中无此类典型植物群落。

表 5-28　2015~2017 年各修复示范区分维数

典型修复群落	仙鹤岛		付老文泡		碱水泡		西队窝铺	
	2015 年	2017 年	2015 年	2017 年	2015 年	2017 年	2015 年	2017 年
芦苇群落	1.1894	1.1592	—	—	1.2343	1.3265	—	—
香蒲群落	1.1898	1.2255	1.1066	1.077	—	—	—	—
藨草群落	1.2376	1.1929	—	—	1.1489	1.1827	—	—
沼柳群落	—	—	—	—	—	—	1.1144	1.0826
综合修复群落	1.3277	1.3113	—	—	1.0717	1.125	—	—

注：表中“—”表示在修复示范区中无此类典型植物群落。

表 5-29　2015~2017 年各修复示范区斑块聚集度

典型修复群落	仙鹤岛		付老文泡		碱水泡		西队窝铺	
	2015 年	2017 年	2015 年	2017 年	2015 年	2017 年	2015 年	2017 年
芦苇群落	96.9595	98.0980	—	—	97.8084	95.1076	—	—
香蒲群落	89.6172	94.4952	99.3738	99.5692	—	—	—	—
藨草群落	83.8327	95.2369	—	—	92.8469	90.3879	—	—
沼柳群落	—	—	—	—	—	—	96.8042	99.6071
综合修复群落	94.7197	94.7764	—	—	99.2432	99.0501	—	—

注：表中“—”表示在修复示范区中无此类典型植物群落。

由表 5-25 至表 5-29 可知，2015~2017 年仙鹤岛的芦苇群落、香蒲群落、综合修复示范区群落的斑块类型面积、斑块聚集度逐渐变大，分维数逐渐变小，说明这些群落景观稳定性逐渐增高，斑块形状越简单；付老文泡的香蒲群落斑块类型面积、斑块聚集度逐渐变大，分维数逐渐变小，斑块密度以及斑块数量基本不变，表明该地香蒲群落斑块形状越简单，斑块聚集程度强；碱水泡藨草群落斑块类型面积增加，综合修复区群落的斑块聚集度增加，说明藨草群落的景观稳定性增强，综合修复区群落的景观聚集程度增加；西队窝铺的沼柳群落斑块类型面积、斑块聚集度逐渐增大，斑块数量、斑块密度以及景观分维数逐渐降低，表明该区沼柳群落景观稳定性逐渐增强，斑块形状逐渐简单，斑块破碎度降低、斑块聚集程度增强，此沼柳群落修复效果较好。

三、NDVI 指数

NDVI（归一化差值植被指数）是代表植被生长状态的一种指示因子，且与植被分布密度呈线性相关关系，它可以反映该区植被生长态势以及地表植被覆盖情况，其计算较为简单，不涉及复杂参数，因此应用最为广泛。因此，本章将 NDVI 指数作为湿地水禽修复效果的一个状态和响应指标评价指标。

$$NDVI=(NIR-R)/(NIR+R)\quad(-1\leq NDVI\leq 1) \tag{5-4}$$

式中，NIR 为近红外波段的反射率信息；R 为红波段反射率信息。若 NDVI 值越大，则表示植物长势越好；反之，则表示植物长势越差。

通过美国地质调查局（http://glovis.usgs.gov/）下载 2015 年与 2017 年 Landsat8 卫星影像，利用 ArcGIS10.2 软件中的栅格计算器，并结合公式 5-4 分别计算仙鹤岛、付老文泡、碱水泡、西队窝铺中典型植被群落的 NDVI 值，得出表 5-30。

表 5-30　2015~2017 年向海湿地水禽生境修复示范区典型植物群落的 NDVI 值

典型修复群落	仙鹤岛		付老文泡		碱水泡		西队窝铺	
	2015 年	2017 年	2015 年	2017 年	2015 年	2017 年	2015 年	2017 年
芦苇群落	0.2696	0.3071	—	—	0.3619	0.4418	—	—
香蒲群落	0.2753	0.2952	0.1043	0.2349	—	—	—	—
藨草群落	0.1496	0.2893	—	—	0.1461	0.1458	—	—
沼柳群落	—	—	—	—	—	—	0.1996	0.4137
综合修复群落	0.2757	0.3362	—	—	0.1910	0.2161	—	—

注：表中“—”为在修复示范区中无此典型植物群落的 NDVI 值。

由表 5-30 可知，2015~2017 年在向海典型湿地水禽生境修复示范区典型植物群落的 NDVI 值大体呈逐渐增高的趋势，说明 2015~2017 年向海典型湿地植物群落长势较好，地表植被覆盖率总体升高。

仙鹤岛地区主要选取芦苇群落、香蒲群落、藨草群落以及综合修复群落。由表 5-30 可知，这 4 个群落 NDVI 值总体呈上升趋势。其中，2015 年和 2017 年该区藨草群落 NDVI 值最低，综合修复群落 NDVI 值最高；说明综合修复群落植物长势最好，藨草群落植物长势较差。

付老文泡地区主要选取香蒲群落。由表 5-30 可知，2015~2017 年该区香蒲群落的 NDVI 指数逐渐升高，说明该区综合修复群落的植物长势较好，香蒲的地表植被覆盖率较高。

碱水泡地区主要选取芦苇群落、藨草群落以及综合修复群落。由表 5-30 可知，芦苇群落和综合修复群落 NDVI 值逐渐升高，而藨草群落 NDVI 值逐渐降低。其中 2015 年芦苇群落的 NDVI 值最高，藨草群落的 NDVI 值最低，但 2017 年芦苇群落 NDVI 值最高，藨草群落 NDVI 值最低，说明芦苇群落在该区的长势较好，地表植被覆盖率较高。

西队窝铺主要选取沼柳群落。由表 5-30 可知，2015~2017 年该区沼柳群落的 NDVI 指数逐渐升高，说明该区沼柳群落的植物长势较好，沼柳的地表植被覆盖率较高。

四、水禽种类与数量

（一）水禽种类

湿地被誉为地球之肾，是地球上少有的物种基因库，是珍稀水鸟的栖息、繁殖和迁徙停歇地。本章于2015 年、2017 年每年春秋两季，每月三次，对四个修复示范区的水禽种类进行统计，得到表 5-31。

表 5-31　2015 年、2017 年春秋两季修复示范区水禽种类　　单位：种

时间	仙鹤岛		付老文泡		碱水泡		西队窝铺	
	春季	秋季	春季	秋季	春季	秋季	春季	秋季
2015 年	6	7	22	11	12	5	11	10
2017 年	13	9	26	16	24	13	13	7

由表5-31可知，近两年研究区湿地水禽种类逐渐增多，据统计，主要水禽种类为丹顶鹤、东方白鹳、白琵鹭、苍鹭、草鹭、凤头麦鸡、灰头麦鸡、白骨顶、红骨顶、鸿雁、灰雁、赤麻鸭、红头潜鸭、黑翅长脚鹬等。湿地水禽对生境要求较为敏感，是反映湿地环境好坏的风向标。因此将水禽种类作为湿地水禽生境修复效果的响应指标之一。

（二）水禽数量

水禽数量是反映湿地水禽生境修复效果的重要响应指标。本章于2015年、2017年每年两季春，每月3次，每次4天，对四个修复示范区平均每次记录的水禽数量进行统计，得到表5-32。

表5-32 2015年、2017年春秋两季修复示范区水禽数量 单位：只/次

时间	仙鹤岛	付老文泡	碱水泡	西队窝铺
2015年	146	478	374	114
2017年	205	671	475	122

由表5-32可知，2015年、2017年两年研究区四个修复示范区湿地水禽数量逐渐增多。水禽数量的多少直接反映当地湿地生态环境的好坏，因此将水禽数量作为湿地水禽生境修复效果的响应指标之一。

五、鱼类重量

水是鱼类赖以生存的环境，水质的好坏与鱼类数量的多少呈正相关，而水质的好坏能够直接反映出湿地水禽生境修复效果好坏。本章于2015年、2017年每年春秋两季对四个修复示范区及周围湖泊内鱼类重量进行测定，捕捞采用60cm×60cm的地笼，在示范区傍晚布设地笼，待第二天清晨收笼，将所收集的鱼类装入盛有95%酒精的自封袋中，带回实验室统一称重（美国华志TP电子天平），得到表5-33。

表5-33 2015年、2017年春秋两季修复示范区鱼类重量 单位：克/次

时间	仙鹤岛	付老文泡	碱水泡	西队窝铺
2015年	645.4	1174.3	1680.0	269.1
2017年	758.2	2881.6	2676.4	453.3

由表5-33可知，2015年、2017年研究区鱼类重量总体呈增加趋势。调查数据显示，主要鱼类种类有鲫鱼、泥鳅、嘎鱼、草鱼、小老头鱼等。鱼类重量对湿地水环境要求较敏感，因此将鱼类重量作为湿地水禽生境修复效果的响应指标之一。

六、水质综合污染指数

本章于2015年、2017年对向海国家级自然保护区的主要湖泡、河流、引水工程（渠道）为评价范围开展了水质质量的现状调查与研究，得到表5-34。

表5-34　2015年、2017年修复示范区水质综合污染指数　　单位：%

时间	仙鹤岛	付老文泡	碱水泡	西队窝铺
2015年	1.15	1.43	0.95	1.71
2017年	1.05	1.27	0.75	1.57

综合污染指数评价主要选取水质综合污染指数，计算公式如式（5-5）所示：

$$P = \frac{1}{n}\sum_{i=1}^{n} P_i \tag{5-5}$$

$$P_i = C_i / S_i$$

式中，P为综合污染指数；P_i为i污染物的污染指数；n为污染物的种类；C_i为i污染物实测浓度平均值（毫克/升或个/升）；S_i为i污染物评价标准值（毫克/升或个/升）。

由表5-34可知，2015年、2017年向海国家级自然保护区内四大修复示范区水质综合污染指数呈现降低趋势。水质综合污染指数是评价水环境质量的一种重要方法。因此，将水质综合污染指数作为评价水禽生境修复效果的重要状态指标之一。

七、土壤盐度指数

研究区内土壤深受第四纪影响，典型土壤为栗钙土、草甸土、盐碱土和风积沙土。土壤厚度一般在0.5~1.0m，土壤中腐殖质含量较少，含盐碱量较高。因此对湿地土壤中盐度指数的测定对湿地水禽生境修复效果的评价具有重要作用。在修复示范区内进行土壤样品采集，将土壤样品带回实验室内风干、混合、除去杂物，过2mm筛孔后装袋备用。测定土壤含盐量采用烘干残渣法，得到表5-35。

表5-35　2015年、2017年修复示范区土壤盐度指数

时间	仙鹤岛	付老文泡	碱水泡	西队窝铺
2015年	1384	469	1321	473
2017年	1262	191	1276	241

八、放牧牛羊数

向海国家级自然保护区湿地水禽生境的破坏一部分来自人类的过度放牧，因此本章于2015年、2017年每年5~8月，每月3次，每次3天对四个修复示范区的放牧牛羊数平均值进行统计，得到表5-36。

表5-36　2015年、2017年5~8月修复示范区放牧牛羊数　单位：只/次

时间	仙鹤岛		付老文泡		碱水泡		西队窝铺	
	2015年	2017年	2015年	2017年	2015年	2017年	2015年	2017年
牛	64	60	124	112	110	94	50	32
羊	132	114	188	178	164	142	106	54

由表5-36可知，4个修复示范区分别受到牛羊不同程度的垦殖，破坏了当地湿地植物的生长，影响了当地水禽生态环境，但受政策因素以及人类思想意识的影响，2015年、2017年当地牛羊放牧数呈逐渐减少的趋势。因此，将牛羊放牧数作为湿地水禽生境的一个压力指标。

九、盐碱率与农田率

湿地水禽生境还受其他因素的影响，结合向海国家级自然保护区的实际情况，选取农田率与盐碱率作为湿地水禽生境的一个压力指标。农田率指研究区向外缓冲5000米的农田面积比上缓冲区的面积；盐碱率指研究区向外缓冲5000

米的盐碱地的面积比上缓冲区的面积，根据2015年与2017年土地利用图，并结合ArGIS10.2软件对两者进行计算，得到表5-37。由表5-37可知，2015年、2017年四个修复示范区的农田率、盐碱率呈逐渐下降趋势。

表5-37　2015年、2017年修复示范区盐碱率与农田率　　单位：%

时间	仙鹤岛		付老文泡		碱水泡		西队窝铺	
	2015年	2017年	2015年	2017年	2015年	2017年	2015年	2017年
盐碱率	0.6198	0.3198	1.3587	1.0789	2.6663	1.7843	0.9521	0.9577
农田率	13.1257	6.4335	28.054	16.4355	17.1600	8.1600	10.6141	8.6746

十、湿地水禽生境修复效果的评估

利用ArcGIS10.2、Fragstats4.2、SPSS等软件，分别对2015年与2017年各评价指标进行数据处理，得到两个时期仙鹤岛、付老文泡、碱水泡以及西队窝铺各典型植物群落的评价指标值，并对其进行总和标准化，其中负向指标需要取其数值的倒数再进行总和标准化，并计算出各修复示范区典型植物群落的总面积与各修复示范区总面积之比，然后与相对应的指标权重相乘并累加得到每个以及整个修复示范区的湿地水禽生境修复效果值，得到表5-38。

表5-38　2015年、2017年各修复示范区湿地水禽生境修复效果值

时间	仙鹤岛	付老文泡	碱水泡	西队窝铺	整体修复示范区
2015年	0.4481	0.4425	0.4488	0.4433	0.4464
2017年	0.5537	0.5575	0.5597	0.5563	0.5568
变化率（%）	+23.5662	+25.9887	+24.7103	+25.4906	+24.7312

由表5-38可知，2015年、2017年仙鹤岛、付老文泡、碱水泡以及西队窝铺湿地水禽生境修复效果值逐渐增加，增加率在20%~30%，通过计算四个修复区的面积加权平均值得出2015~2017年整体修复区湿地水禽生境修复效果值，可知2015~2017年整体修复示范区湿地水禽生境修复效果值逐年增加，并且最终增加率达到24.7312%，因此本章的湿地水禽生境修复效果较好，达到20%以上。

目前国内外学者针对湿地恢复采用的评估方法较为多样，针对不同类型的湿地，所采用的评估方法也不同。层次分析法是较为普遍同时也能直观体现湿地指标恢复状态的评估方法，同时在研究湿地生态恢复的评估方面，国内外还有学者较多采用了湿地综合指标评估方法，李伟等（2013）在对北京翠湖湿地的生境恢复及效果评估过程中就采用了综合的指标进行评估。研究区内湿地水环境质量提升，湿地基质质量提升，湿地植被种类和盖度明显增加，湿地鸟类种类和数量增加，这些综合评价指标都可以反馈湿地生境的恢复程度。层次分析法是基于综合湿地指标并根据恢复指标赋予权重进行计算最后得出恢复效果值，更具有可信度也更能精确地体现湿地恢复效果。

王福田（2012）在湿地保护与恢复工程评估研究中就应用了层次分析法，用以确定湿地恢复工程的评价指标权重。在研究过程中选用的指标经过层次分析法的评估后所得出的评估结果与国家管理部门得出的评估结果具有一致性。因此可以证明该研究所构建的评估指标体系和评估方法是可行的，是具有可操作性的，但是也还有进一步完善的空间。

本章应用了层次分析法来构建退化湿地的恢复效果评估模型，并对其进行评估，得出最终的修复效果指数，虽然层次分析法带有一定的主观性，但是总体的权重评估较为合理，因此向海国家级自然保护区退化湿地的恢复评估模型具有一定的合理性。

恢复前后各项指标结果有影像与数据的支持，与2015年湿地恢复前的各项指标数据相比，2017年均有不同程度的改善与恢复，例如，修复后的仙鹤岛环形泡地区修复结果与实地影像符合，该地获取的影像中植被数量增加，因此向海退化沼泽湿地修复效果较好。修复项目实施后，湿地植被覆盖率大幅度提高，生物多样性增加，可有效地涵养水源，减少地表径流，水和土壤质量明显改善，生态环境得到极大改观，对于保护珍稀、濒危鸟类，防止水土流失，修复生态环境都具有重要意义。

本章小结

本章利用湿地修复技术和景观组合与优化配置技术，依托试验小区，进行湿地生境的修复与设计，采用遥感手段以及GIS空间分析技术，并结合湿地水禽生境实地调查，构建湿地水禽生境修复技术评估体系，进行湿地水禽生境修复效果评估。结果表明：

（1）本章构建的内陆盐沼湿地修复效果评估模型，是基于压力—状态—响应机制，采取 AHP 层次分析方法，将农田率、盐碱率、放牧牛羊数作为压力指标；将斑块类型面积、分形维数、斑块数量、斑块密度、斑块聚集度、植物盖度、植物生物量、土壤盐度指数、水质综合污染指数为状态指标；将 NDVI 指数、水禽数量、水禽种类、鱼类重量、植物生物量、植物盖度、植物物种丰富度、Simpson 多样性指数、Shannon-wiener 多样性指数作为响应指标，其评价方法可以有效地评价退化湿地修复效果。

（2）与 2015 年相比，2017 年整体修复示范区湿地修复效果值最终增加率达到了 24. 7312%，湿地水禽生境修复试验示范区内湿地植被覆盖度在原来基础上提高 65. 40%，试验示范区内植物生物量在原来基础上提高 30. 89%，固定监测点位植物物种丰富度提高 22. 31%，表明该湿地修复效果明显。

湿地恢复对土壤养分的影响

湿地土壤作为湿地生态系统的有机组成部分，其内部碳、氮、磷元素的循环与流动对维持湿地生态系统内部的物质和能量平衡具有重要作用。因此，研究不同恢复期限下盐沼湿地土壤养分的含量及其影响因素，对探讨盐沼湿地的固碳功能和机理以及盐沼湿地的保护和恢复具有重要的理论和实践意义。本章以向海国家级自然保护区内不同恢复期限的芦苇和香蒲湿地为研究对象，以自然芦苇和香蒲湿地为参考，对不同湿地土壤进行采样，带回实验室进行检测，并利用数理统计方法分析向海国家级自然保护区内恢复湿地土壤养分的时空分布，并揭示其影响因素。

第一节　样品的采集与测定

一、样区的选取

恢复期限为1年、3年、5年的芦苇和香蒲湿地是通过对向海国家级自然保护区的遥感影像解译、基于中央财政林业科技推广示范项目（吉推〔2014〕16号）以及对当地工作人员的咨询而选取得来的。自然芦苇和香蒲湿地的选取是根据向海国家级自然保护区的湿地分布特点，并结合当地的实际情况，选择未退化的湿地作为参考样地。

二、样品的采集

本章样品的采集主要为土壤样品的采集。土壤样品主要用于测定土壤有机碳、黑碳、全氮和全磷含量以及土壤容重等理化性质。野外采样运用带衬管的原状取土器（ZL201210534424.7）取样，室内测试与数据分析主要依托于吉林省重点实验室——生物资源与环境信息系统重点实验室。

本章主要选取恢复期限分别为1年、3年、5年的芦苇与香蒲湿地，将自然芦苇和香蒲湿地作为参考，在植物的生长季（2018年5月15日、7月19日和9月26日），对自然和不同恢复年限的芦苇和香蒲湿地土壤分别选取五个采样点进行采样。垂直方向上利用带衬管的原状取土器（ZL201210534424.7）在野外取40cm土样，并按每层10cm长度分为四层，分别对其标号装袋，并将其保鲜带回实验室，用于土壤有机碳、黑碳、全氮和全磷含量的测定，采样群落和地点如图6-1所示。

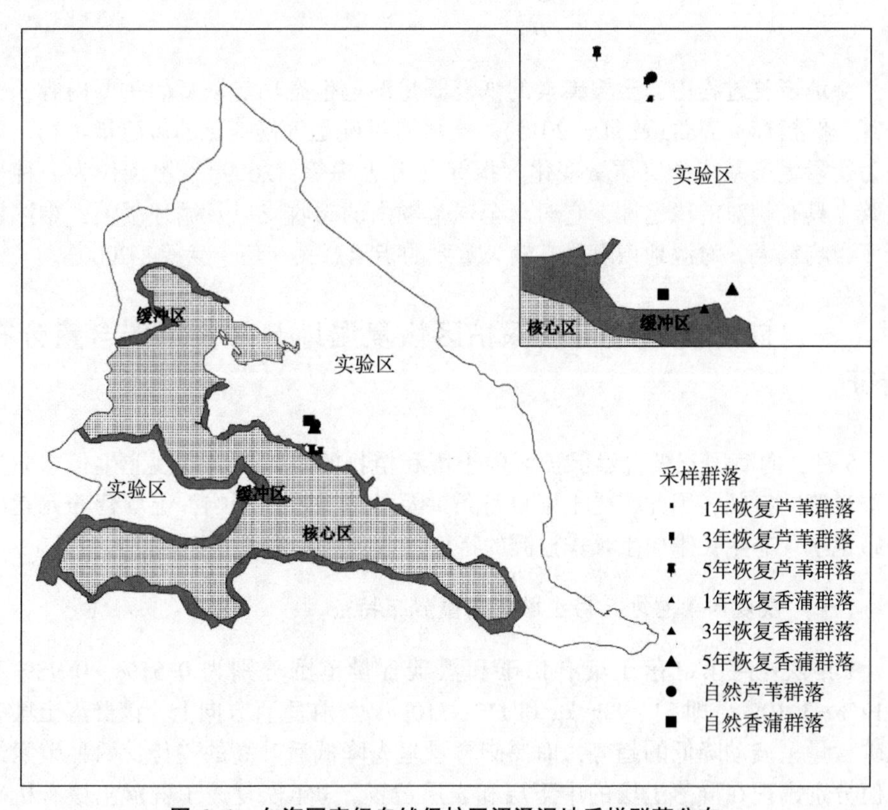

图6-1　向海国家级自然保护区沼泽湿地采样群落分布

三、样品的测定

土壤样品测定方法：①土壤全氮和全磷测定利用Auto连续流动分析仪测定

（李英臣、宋长春，2012）；②土壤黑碳（BC）采用 HF/HCl 对黑碳样品进行预处理，后利用重铬酸钾—外加热法测定（Lehndorff et al.，2014）；③土壤有机碳（SOC）采用重铬酸钾—外加热法测定（Khan et al.，2015）。本章采用 Microsoft Excel 2010 进行元素空间分布图的制作，并采用 SPSS 22.0 软件进行差异性分析。

第二节 向海国家级自然保护区恢复湿地土壤碳的分布特征及差异

湿地恢复过程中，土壤碳素的恢复既是湿地生态功能恢复的重要内容，又是其重要指标（Wang et al.，2015）。土壤有机碳是气候变化的敏感指示物，可作为衡量生态系统土壤质量变化的指标（万忠梅等，2009），黑碳作为一种惰性碳，具有相对的稳定性，它对于全球范围内的碳收支以及循环缓慢、难溶性碳库影响较大，对湿地恢复具有较为重要的指示意义（伍卡兰等，2009）。

一、向海国家级自然保护区恢复湿地 5 月土壤碳含量分布特征

5 月，向海国家级自然保护区内土壤和植物的整体环境呈现非生长季向生长季过渡的特征，因此，受土壤自身条件及外部条件的影响，土壤营养元素的分布也呈现非生长季向生长季过渡的特征（李英臣、宋长春，2012）。

（一）恢复芦苇湿地 5 月土壤碳含量分布特征

1 年恢复芦苇群落土壤有机碳和黑碳含量范围分别为 0.51%～0.98% 和 1.12%～3.10%，即 51～98g/kg 和 112～310g/kg。在垂直方向上，该群落土壤有机碳含量呈波动降低的趋势，而黑碳含量呈先降低后升高的趋势，两种碳素最高值分别出现在群落土壤的中下层和表层位置。3 年恢复芦苇群落土壤有机碳和黑碳含量范围分别为 1.18%～2.29% 和 0.33%～2.96%，即 118～229g/kg 和 33～296g/kg。土壤有机碳含量范围均较 1 年恢复芦苇群落有所升高，黑碳含量变化不明显。在垂直方向上，该群落土壤有机碳的含量为先升高后降低的趋势，黑碳含量的分布趋势呈先降低后升高的趋势，两种碳素的最高值土层分布范围与 1 年恢复芦苇群落相同。5 年恢复芦苇群落土壤有机碳和黑碳含量范围分别为

1.85%~4.43%和0.71%~4.38%，即185~443g/kg和71~438g/kg。两元素的含量范围较1年和3年恢复芦苇群落均有明显升高。该群落土壤有机碳含量的垂直分布呈先减少后增加的趋势，黑碳含量的垂直分布为波动下降趋势，该恢复群落土壤有机碳的最高值的土层分布与1年和3年恢复芦苇群落相比，具有向下层迁移的趋势，而黑碳的最高值分布与1年和3年恢复芦苇群落仍相同（见图6-2）。5年恢复芦苇群落土壤有机碳（34.16%）含量的变异性高于1年（26.07%）和3年（28.32%）恢复芦苇群落，黑碳含量的变异性在1年（42.51%）恢复芦苇群落显著低于3年（94.86%）和5年（93.02%）恢复芦苇群落。受恢复时间影响，碳元素含量及变化受到动植物生命过程及水文条件的调节，碳元素含量会较稳定地呈现一定的长期分布状态，除非受到较为强烈的干扰，否则并不会发生较为明显的空间变化。

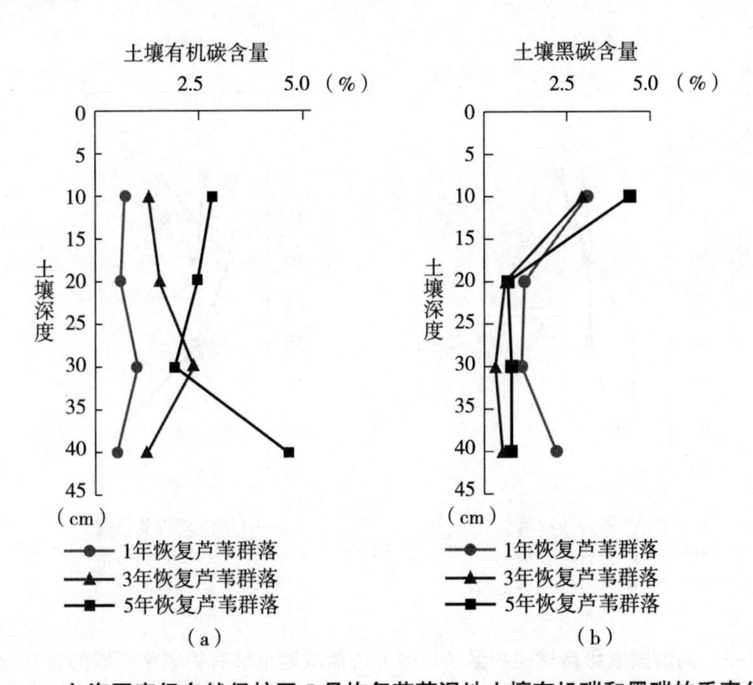

图6-2　向海国家级自然保护区5月恢复芦苇湿地土壤有机碳和黑碳的垂直分布

(二) 恢复香蒲湿地5月土壤碳含量分布特征

1年恢复香蒲群落土壤有机碳和黑碳含量范围分别为0.77%~1.26%和0.75%~1.57%，即77~126g/kg和75~157g/kg。在垂直方向上，土壤有机碳含量呈逐渐降低的趋势，黑碳含量则呈先升高后降低的趋势，两种碳素的最高值分别出现在土壤的表层和中下层。3 年恢复香蒲群落土壤有机碳和黑碳含量范围分别为 0. 95%~2. 28%和 0. 86%~2. 38%，即 95~228g/kg 和 86~238g/kg。与 1 年恢复香蒲群落相比，土壤有机碳和黑碳的含量均有所上升。垂直方向上，该群落土壤有机碳含量呈先降低后升高的分布趋势，黑碳含量的分布趋势与有机碳相同，两种碳素最高值均分布在土壤的表层范围内。5 年恢复香蒲群落土壤有机碳和黑碳含量范围分别为 1. 55%~2. 89%和 1. 39%~3. 21%，即 155~289g/kg 和 139~321g/kg。该群落两元素的含量范围均高于 1 年和 3 年恢复香蒲群落。在垂直方向上，该群落土壤有机碳含量的分布呈持续下降状态，黑碳含量的分布呈波动上升趋势。土壤有机碳含量的变异性为 3 年恢复香蒲群落（37. 92%）>5 年恢复香蒲群落（22. 08%）>1 年恢复香蒲群落（17. 14%），黑碳含量的变异性则呈现出随恢复期限的增加而变异程度逐渐增加（见图 6-3）。

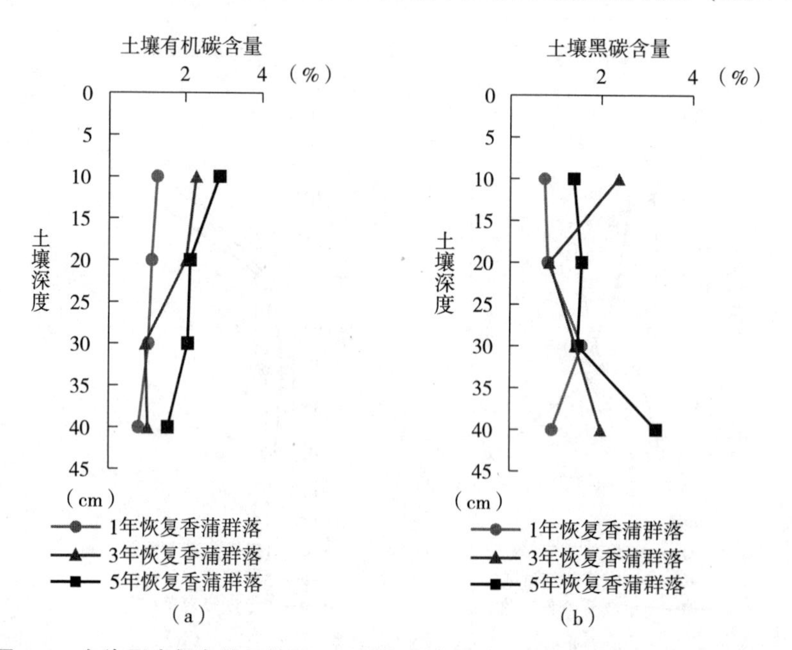

图 6-3　向海国家级自然保护区 5 月恢复香蒲湿地土壤有机碳和黑碳的垂直分布

二、向海国家级自然保护区恢复湿地 7 月土壤碳含量分布特征

7 月正处于生长季中期，是植物生长的最适宜期，植被茂盛则有利于对土壤中营养元素的调节，植物凋落物经土壤动物和微生物的分解，可以产生大量

的有机质、氮和磷并富集，为植物的生命活动提供养料，但由于植物茂盛也带来对养分的吸收，所以会相应地减少土壤中曾富集的营养物质（肖烨等，2014）。

（一）恢复芦苇湿地7月土壤碳含量分布特征

1年恢复芦苇群落土壤有机碳和黑碳含量范围分别为0.98%~1.90%和1.38%~2.39%，即98~190g/kg和138~239g/kg。相比于5月，该群落土壤有机碳含量上升明显，黑碳含量变化较小，最高值均出现在土壤的0~20cm层内。在垂直方向上，土壤有机碳含量呈先减后增的分布趋势，与5月相比，垂直分布趋势在30~40cm土层范围内以上升为主，黑碳含量为波动上升趋势，垂直分布趋势与5月相比，上升幅度较小。3年恢复芦苇群落土壤有机碳和黑碳含量范围分别为0.97%~2.36%和0.91%~2.55%，即97~236g/kg和91~255g/kg。与5月相比，该群落两元素含量范围均呈现明显下降趋势，最高值仍均出现在土壤的0~20cm层内。垂直方向上，土壤有机碳和黑碳含量均为波动上升趋势，与5月的分布趋势总体相反。5年恢复芦苇群落土壤有机碳和黑碳含量范围分别为2.12%~3.92%和0.46%~2.12%，即212~392g/kg和46~212g/kg。与5月相比，该群落两元素的含量范围均有所下降，最高值分别出现在土壤的表层和中下层。垂直方向上，土壤有机碳含量呈先降后升的分布趋势，总体的垂直分布趋势与5月相似，而黑碳含量的垂直分布呈先升后降趋势，其总体垂直分布趋势与5月相反（见图6-4）。该月3个恢复芦苇群落的土壤有机碳含量随恢复时间的增长而增加，但3年恢复芦苇群落的变异性（36.36%）略高于1年（23.41%）和5年（22.08%）的恢复芦苇群落；黑碳含量的变化随恢复时间的变化不明显，但变异性随着恢复时间的增加而逐渐增加。与5月相比，各恢复芦苇群落的土壤有机碳变异性变化不明显，黑碳的变异性呈明显降低趋势。

（二）恢复香蒲湿地7月土壤碳含量分布特征

1年恢复香蒲群落土壤有机碳和黑碳含量范围分别为1.38%~3.37%和0.33%~0.77%，即138~337g/kg和33~77g/kg。相比于5月，有机碳与黑碳含量范围均有所升高。在垂直方向上，土壤有机碳含量呈波动下降趋势，与5月相比，7月基本维持了5月土壤有机碳含量的分布趋势；黑碳含量呈波动升高的趋势，与5月相比，土壤底层的含量分布具有上升趋势。3年恢复香蒲群落土壤有机碳和黑碳含量范围分别为2.61%~3.80%和1.24%~1.82%，即261~380g/kg和124~182g/kg。相比于5月，有机碳含量范围上升明显，但黑碳含量范围略有下降，最高值分别出现在土壤的中上层和中下层。垂直方向上，土壤

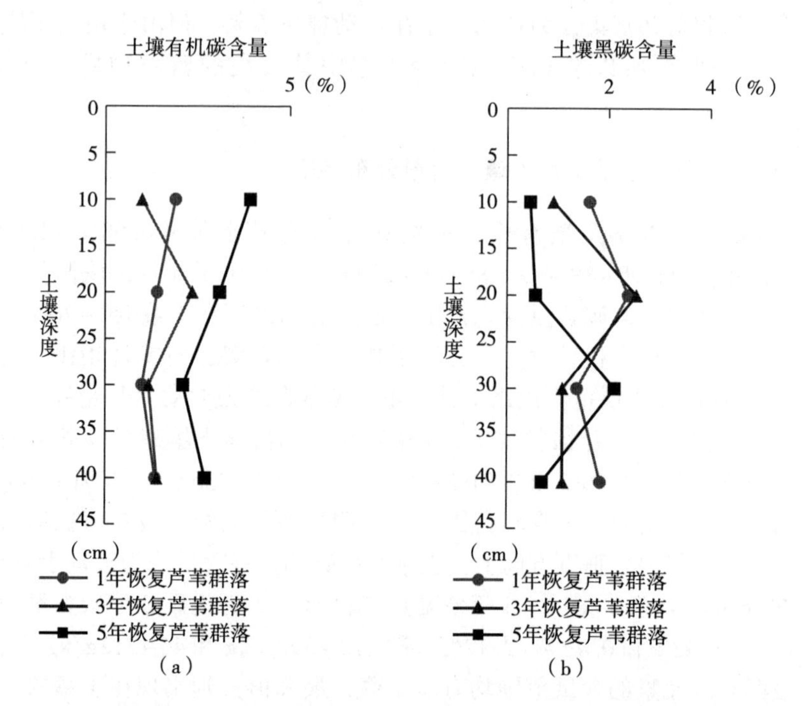

图 6-4　向海国家级自然保护区 7 月恢复芦苇湿地土壤有机碳和黑碳的垂直分布

有机碳含量呈波动上升趋势，与 5 月相比，存在总体上相反的趋势；黑碳含量呈波动上升趋势，与 5 月相比，呈现总体相似趋势。5 年恢复香蒲群落土壤有机碳和黑碳含量范围分别为 1.85%~4.36%和 2.02%~3.34%，即 185~436g/kg 和202~334g/kg。与 5 月相比，该群落有机碳和黑碳的含量均呈上升趋势，两者最高值均出现在 0~10cm 深度的土壤内。在垂直方向上，土壤有机碳含量为先降后升的趋势，与 5 月相比，有机碳含量在土壤中下层区域有较为明显变化；黑碳含量整体呈波动下降趋势。与 5 月相比，呈现较为明显的相反趋势。该月 3 个恢复香蒲群落的土壤有机碳含量为 3 年恢复香蒲群落高于 1 年和 5 年恢复香蒲群落，但随着恢复期限的增长，有机碳的变异性也随之增加；黑碳含量随恢复年限的增长，含量在逐渐上升，但此时该元素在 1 年恢复香蒲群落的变异性高于 3 年和 5 年恢复香蒲群落。相比于 5 月，有机碳和黑碳的变异性在 1 年恢复香蒲群落的变化较小，但 3 年和 5 年恢复香蒲群落的变化较大（见图 6-5）。

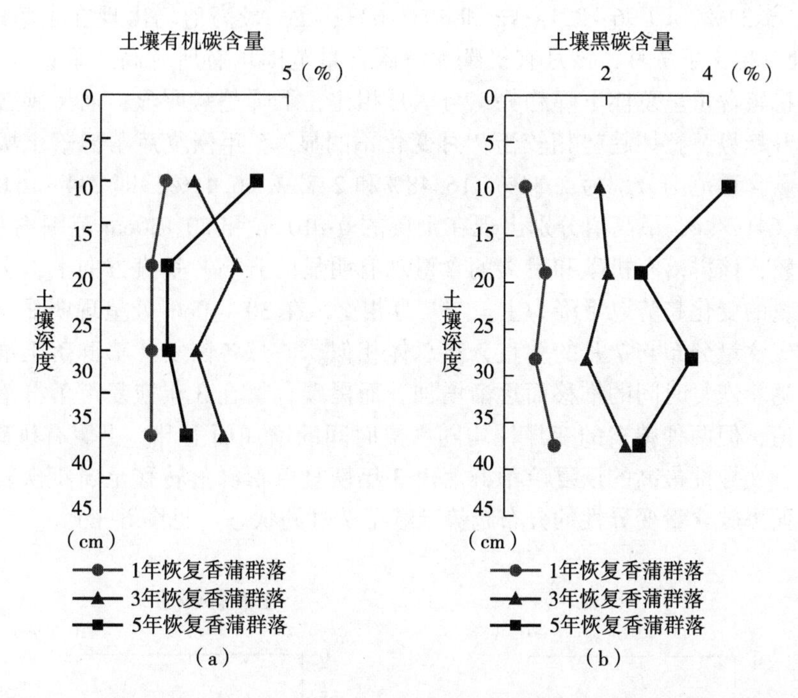

图 6-5　向海国家级自然保护区 7 月恢复香蒲湿地土壤有机碳和黑碳的垂直分布

三、向海国家级自然保护区恢复湿地 9 月土壤碳含量分布特征

9 月已进入生长季的末期，由于植物对土壤营养元素的根系积累作用和该时期对所生产元素吸收能力的降低，一定程度上导致了根系层中的养分富集状态（苗萍等，2017）。

（一）恢复芦苇湿地 9 月土壤碳含量分布特征

1 年恢复芦苇群落土壤有机碳和黑碳含量范围分别为 0.66%～1.97% 和 3.05%～5.02%，即 66～197g/kg 和 305～502g/kg，最高值均出现在土壤表层。与 7 月相比，有机碳与黑碳含量均呈现明显上升趋势。垂直方向上，土壤有机碳含量呈持续下降状态，与 7 月相比，有机碳含量垂直方向上下降趋势明显；黑碳含量的垂直分布呈先降后升的分布趋势，与 7 月相比，分布的波动性逐渐降低。3 年恢复芦苇群落土壤有机碳和黑碳含量范围分别为 0.96%～3.21% 和

4.03%~6.33%，即96~321g/kg和403~633g/kg，最高值均出现在土壤的0~20cm处。相比于7月，该月有机碳和黑碳含量范围均有所升高。垂直方向上，土壤有机碳含量呈总体下降趋势，与7月相比，下降趋势明显；而黑碳含量呈波动上升趋势，整体趋势相较于7月变化不明显。5年恢复芦苇群落土壤有机碳和黑碳含量范围分别为2.34%~16.48%和2.72%~6.41%，即234~1648g/kg和272~641g/kg，最高值分别出现在土壤的0~10cm和20~30cm范围内。与7月相比较，该群落有机碳和黑碳的含量均有明显的升高。垂直方向上，土壤有机碳含量的变化趋势以下降为主，与7月相比，在30~40cm处呈现明显下降趋势；黑碳含量分布与7月的垂直分布总体相似。该月各恢复芦苇群落土壤有机碳含量随着恢复时间的推移而逐渐增加，而黑碳含量在3年恢复芦苇群落处出现最高值，但两种碳素的变异性均随恢复时间的增加而上升。土壤有机碳与7月相比，变异性最高的恢复芦苇群落由3年恢复芦苇群落转移至5年恢复芦苇群落；而黑碳含量变异性的分布趋势延续了7月的状态（见图6-6）。

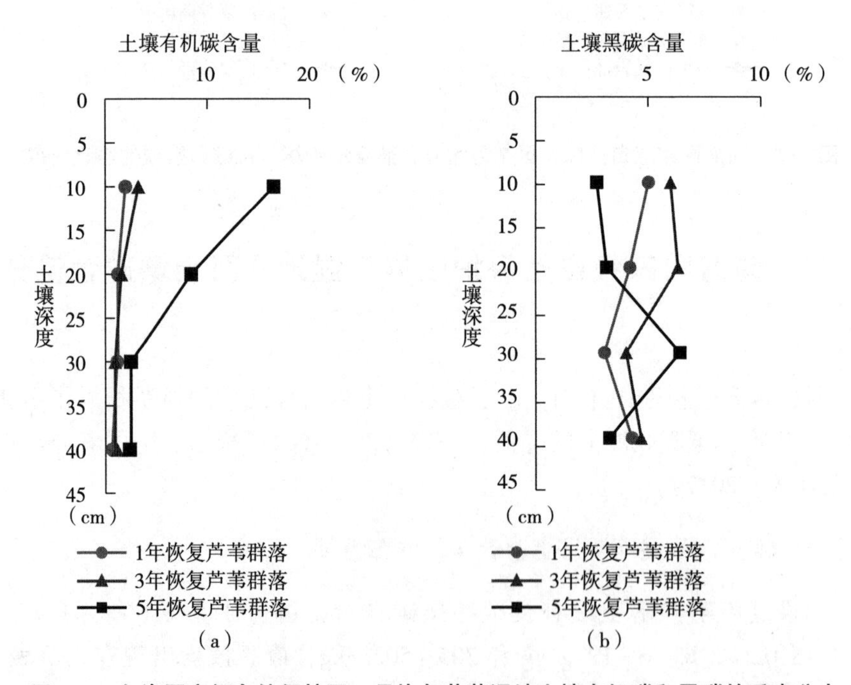

图6-6　向海国家级自然保护区9月恢复芦苇湿地土壤有机碳和黑碳的垂直分布

（二）恢复香蒲湿地 9 月土壤碳含量分布特征

1 年恢复香蒲群落土壤有机碳和黑碳含量范围分别为 1.00%～2.58%和 2.05%～3.18%，即 100～258g/kg 和 205～318g/kg，最高值均集中于土壤的 0～20cm 范围内。与 7 月相比，该群落两元素含量均呈明显升高趋势。垂直方向上，土壤有机碳基本维持了与 7 月相似的下降状态；黑碳含量基本保持了 7 月的垂直分布状态，这主要因为植物不仅能够吸收利用养分，还可以在生长季末期植物生命活动较弱时，在其根系和周围的土壤中储存积累养分，使土壤层中的养分产生富集，而且这些积累的养分在下一个生长季来临时会被重新利用，支持生物体进行养分元素的再生产和持续的生命过程。3 年恢复香蒲群落土壤有机碳和黑碳含量范围分别为1.61%～4.85%和 1.69%～4.14%，即 161～485g/kg 和 169～414g/kg，最高值均出现在土壤表层范围内。与 7 月相比，该群落土壤有机碳和黑碳含量范围均有所升高。在垂直方向上，土壤有机碳含量呈现总体与 7 月分布相反趋势；黑碳含量分布与 7 月在总体上呈相反趋势。5 年恢复香蒲群落土壤有机碳和黑碳含量范围分别为 2.53%～5.91%和 1.48%～4.34%，即253～591g/kg 和 148～434g/kg，最高值出现在土壤表层范围内。与 7 月相比，该群落土壤有机碳和黑碳的含量呈上升趋势。在垂直方向上，土壤有机碳含量总体维持了 7 月的分布状态；黑碳含量在 40cm 深度内也整体维持 7 月的分布状态。该月恢复香蒲群落土壤有机碳与黑碳含量分别随着恢复时间的推移而逐渐增加或降低，与 7 月相比，有机碳含量的最高值由 3 年恢复香蒲群落转移至 5 年恢复香蒲群落。土壤有机碳的变异性大小为：3 年恢复香蒲群落（41.93%）>1 年恢复香蒲群落（39.89%）>5 年恢复香蒲群落（39.08%），黑碳的变异性则随恢复期限的增加而逐渐增强，与 7 月相比，土壤有机碳含量变异性显著升高，黑碳含量变异性在 3 年和 5 年恢复香蒲群落处升高明显（见图 6-7）。

四、向海国家级自然保护区恢复湿地各月土壤碳含量差异

通过单因素方差分析可得，不同恢复年限芦苇群落的有机碳含量间存在显著差异性（$P<0.05$），且随着生长季的深入，差异性越来越明显，黑碳含量均并不存在明显的差异性。不同恢复年限下的香蒲群落有机碳的差异性也在随着生长季的深入而不断增强（$P<0.05$），黑碳的含量仅在植物生长的最旺盛期存在较为明显的差异性（$P<0.05$）。有机碳的含量特征与不同时期的植物生长状况、降水和温度条件关系密切，不同月的降水量和温度不同，造成了植物不同

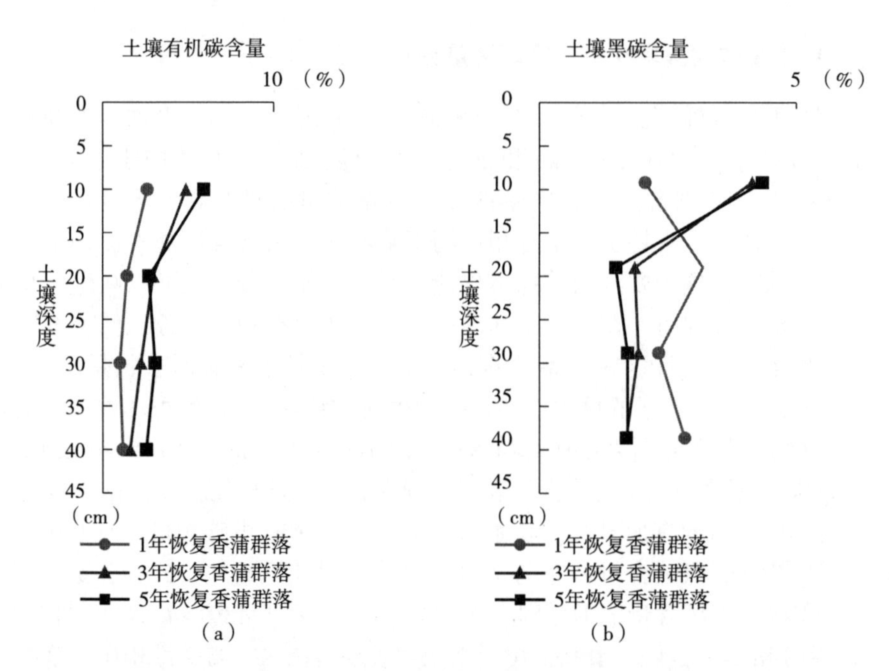

图 6-7　向海国家级自然保护区 9 月恢复香蒲湿地土壤有机碳和黑碳的垂直分布

的生长情况，且不同恢复年限，湿地植物所经历的生命过程也不同，恢复时间较长的群落土壤碳含量应显著高于恢复时间较短的群落，因此会产生碳含量的差异性，而香蒲群落在 5 月的差异性不明显主要是因为香蒲科植物体内利用碳和其他养分含量的效率较低，加之 5 月各群落土壤均处于初始状态，养分的差异表现并不明显。然而黑碳虽然一定程度受到水分和温度的影响，但是由于其自身结构稳定性较强，因此总体变化不明显（见表 6-1～表 6-3）。

表 6-1　5 月恢复群落各样点土壤有机碳和黑碳平均含量的差异性分析

恢复群落	元素	恢复年限	$\bar{x}$±S	F	P
恢复芦苇群落	有机碳	1 年	0.76%±0.66%	5.769	<0.05
		3 年	1.55%±0.91%		
		5 年	2.84%±1.27%		
	黑碳	1 年	1.90%±1.52%	0.305	>0.05
		3 年	1.12%±1.19%		
		5 年	1.68%±2.06%		

续表

恢复群落	元素	恢复年限	$\bar{x}$±S	F	P
恢复香蒲群落	有机碳	1 年	1.04%±0.32%	2.598	<0.05
		3 年	1.57%±0.47%		
		5 年	2.16%±1.22%		
	黑碳	1 年	1.02%±0.31%	1.188	>0.05
		3 年	1.67%±0.70%		
		5 年	1.92%±1.45%		

表 6-2　7 月恢复群落各样点土壤有机碳和黑碳平均含量的差异性分析

恢复群落	元素	恢复年限	$\bar{x}$±S	F	P
恢复芦苇群落	有机碳	1 年	1.41%±0.19%	10.788	<0.05
		3 年	1.47%±0.60%		
		5 年	2.96%±0.82%		
	黑碳	1 年	1.80%±0.62%	0.906	>0.05
		3 年	1.41%±0.90%		
		5 年	1.06%±1.06%		
恢复香蒲群落	有机碳	1 年	1.49%±0.45%	5.091	<0.05
		3 年	3.13%±0.50%		
		5 年	2.62%±1.26%		
	黑碳	1 年	0.55%±0.21%	5.050	<0.05
		3 年	1.52%±0.54%		
		5 年	2.55%±1.25%		

表 6-3　9 月恢复群落各样点土壤有机碳和黑碳平均含量的差异性分析

恢复群落	元素	恢复年限	$\bar{x}$±S	F	P
恢复芦苇群落	有机碳	1 年	1.26%±0.32%	87.205	<0.05
		3 年	1.72%±0.95%		
		5 年	7.43%±1.02%		

续表

恢复群落	元素	恢复年限	$\bar{x}\pm S$	F	P
恢复芦苇群落	黑碳	1 年	4.14%±2.62%	0.481	>0.05
		3 年	5.26%±2.31%		
		5 年	3.89%±2.09%		
恢复香蒲群落	有机碳	1 年	1.54%±0.63%	6.898	<0.05
		3 年	2.90%±0.78%		
		5 年	3.54%±1.12%		
	黑碳	1 年	2.59%±1.01%	0.060	>0.05
		3 年	2.40%±1.40%		
		5 年	2.30%±1.53%		

五、不同恢复年限下恢复湿地与自然湿地土壤有机碳含量差异

通过单因素方差分析可得，不同恢复年限下芦苇湿地土壤有机碳含量与自然芦苇湿地间差异各异。恢复 1 年湿地土壤有机碳含量与自然湿地间的差异最显著，恢复 3 年次之，恢复 5 年湿地土壤有机碳含量与自然湿地间的差异性最不明显（见表 6-4）。随着恢复年限的增长，土壤有机碳含量不断接近自然湿地，并且恢复了 3 年的湿地与自然湿地土壤有机碳含量间的差异已不明显。

表 6-4　不同恢复年限下芦苇湿地土壤有机碳含量变异性

(I) 恢复年限	(J) 恢复年限	均值差（I-J）	显著性
自然湿地	恢复 1 年	279.433	0.067
	恢复 3 年	233.007	0.115
	恢复 5 年	-49.443	0.717

通过单因素方差分析可得，不同恢复年限下香蒲湿地土壤有机碳含量与自然香蒲湿地间差异各异。恢复 1 年湿地土壤有机碳含量与自然湿地间的差

异最显著，恢复 5 年次之，恢复 1 年湿地土壤有机碳含量与自然湿地间的差异性最不明显（见表 6-5）。随着恢复年限的增长，土壤有机碳含量不断接近自然湿地，并且恢复了 1 年的湿地与自然湿地土壤有机碳含量间的差异已不明显。

表 6-5　不同恢复年限下香蒲湿地土壤有机碳含量变异性

(I) 恢复年限	(J) 恢复年限	均值差（I-J）	显著性
自然湿地	恢复 1 年	78.997	0.246
	恢复 3 年	-38.233	0.562
	恢复 5 年	-62.380	0.352

第三节　向海国家级自然保护区恢复湿地土壤氮的分布特征及差异

氮素，这种限制性养分是在自然湿地生态系统中具有极为关键的地位，它在土壤中含量的多少直接关系到自然湿地生态功能的强弱，在自然界的湿地系统中，动植物里氮的固态形式和空气中大气层次变化是氮素对生态系统的主要输入源，氮素的输入量高低很明显地影响着系统的一系列生态过程。对于自然湿地生态系统循环而言，湿地植物吸收土壤中很多的氮营养元素来维持植被本身的生长需要。

一、向海国家级自然保护区 5 月恢复湿地土壤氮元素分布特征

1 年恢复芦苇群落土壤全氮含量在 290.84~353.56mg/kg，垂直方向上，全氮含量随土壤深度增加呈先升高后降低的趋势。1 年恢复香蒲群落土壤全氮含量在 314.24~502.24 mg/kg，全氮含量随土壤深度增加，呈现先升高后降低的趋势（见图 6-8 和表 6-6）。

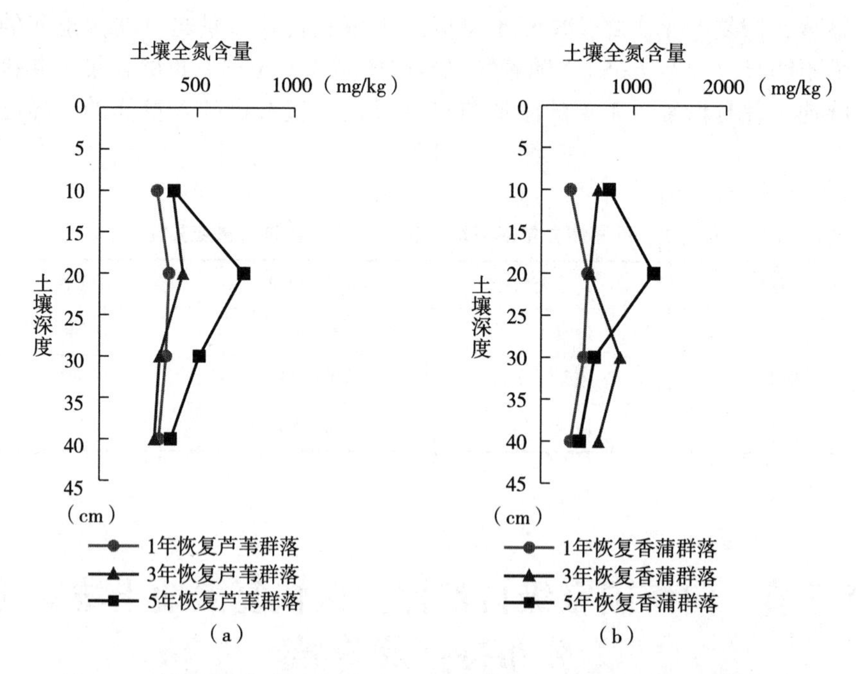

图 6-8　向海国家级自然保护区 5 月恢复芦苇和香蒲湿地全氮的垂直分布

表 6-6　向海国家级自然保护区 5 月恢复芦苇和香蒲湿地土壤全氮的平均值与变异系数

群落	元素	平均值（mg/kg）	变异系数（%）
1 年恢复芦苇群落	全氮	320. 75	8. 06
1 年恢复香蒲群落	全氮	399. 81	20. 95
3 年恢复芦苇群落	全氮	345. 66	16. 78
3 年恢复香蒲群落	全氮	655. 38	18. 81
5 年恢复芦苇群落	全氮	498. 55	30. 32
5 年恢复香蒲群落	全氮	737. 71	40. 56

3 年恢复芦苇群落土壤全氮含量在 278. 52~426. 56mg/kg。全氮含量垂直分布随土壤深度增加呈先升高后降低的趋势，相比于 1 年恢复芦苇群落，氮素的平均值和变异系数均有所升高。3 年恢复香蒲群落土壤全氮含量在 525. 44~858. 36 mg/kg，全氮在垂直方向上随土壤深度增加而波动降低，相比于 1 年恢复香蒲群落，全氮含量有所升高，但全氮变异性有所下降（见图 6-8 和表 6-6）。

5 年恢复芦苇群落土壤全氮含量在 362. 72~740. 24mg/kg，全氮含量的垂直分布随土壤深度的增加而呈先升后降的趋势，相比于 3 年恢复芦苇群落，氮素的平均含量和变异性有所升高。5 年恢复香蒲群落土壤全氮含量在 418. 48~1219. 96mg/kg，全氮的垂直分布呈现随土壤深度增加呈先升高后降低的趋势，相比于 3 年恢复香蒲群落，氮元素的平均含量有所升高（见图 6-8 和表 6-6）。

二、向海国家级自然保护区 7 月恢复湿地土壤氮元素分布特征

1 年恢复芦苇群落土壤全氮的含量范围介于 281. 44~542. 20mg/kg，全氮含量的垂直分布趋势呈随土壤深度增加而先降低后升高，全氮的变异性相比 5 月升高明显。1 年恢复香蒲群落土壤全氮的含量范围介于335. 88~817. 44mg/kg，全氮含量垂直方向上呈现波动下降的趋势，该群落全氮含量平均值和变异性相比于 5 月均有所升高（见图 6-9 和表 6-7）。

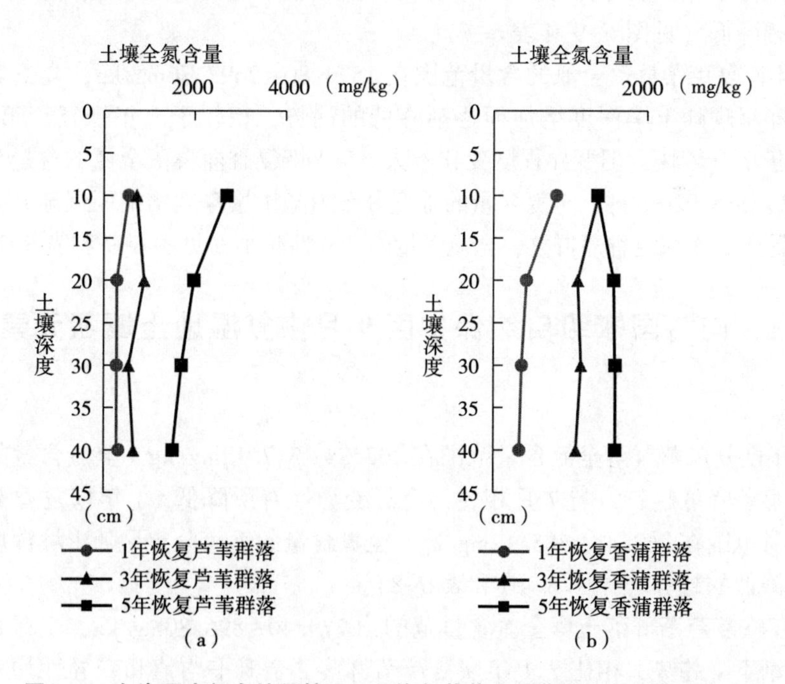

图 6-9　向海国家级自然保护区 7 月恢复芦苇和香蒲湿地全氮的垂直分布

表 6-7　向海国家级自然保护区 7 月恢复芦苇和香蒲湿地土壤全氮平均值与变异系数

群落	元素	平均值（mg/kg）	变异系数（%）
1 年恢复芦苇群落	全氮	357.19	30.21
1 年恢复香蒲群落	全氮	486.88	39.78
3 年恢复芦苇群落	全氮	704.16	17.91
3 年恢复香蒲群落	全氮	1172.23	9.92
5 年恢复芦苇群落	全氮	1981.27	22.45
5 年恢复香蒲群落	全氮	1525.21	6.37

3 年恢复芦苇群落全氮的含量范围在 545.64~892.72mg/kg，全氮含量的垂直分布呈波动升高的趋势，相比于 1 年恢复芦苇群落该群落全氮含量的变异性均有所降低。3 年恢复香蒲群落全氮的含量范围在 1077.16~1369.52mg/kg，全氮的垂直分布呈波动降低趋势，相比于 1 年恢复香蒲群落，该群落全氮的变异性均大幅降低（见图 6-9 和表 6-7）。

5 年恢复芦苇群落全氮的含量范围在 1524.80~2697.76mg/kg，全氮含量的垂直分布呈现随土壤深度增加而逐渐降低的趋势，相较于 3 年恢复芦苇群落，全氮含量上升较快，但变异程度变化不大。5 年恢复香蒲群落全氮的含量范围在 1357.52~1588.92mg/kg，全氮含量的垂直分布为随土壤深度增加而逐渐升高的趋势，相比于 3 年恢复香蒲群落，全氮含量的变异性减小（见图 6-9 和表 6-7）。

三、向海国家级自然保护区 9 月恢复湿地土壤氮元素分布特征

1 年恢复芦苇群落全氮含量范围在 162.84~317.12mg/kg，全氮含量的垂直分布呈显著降低趋势，与 7 月相比，全氮变异性有所降低。1 年恢复香蒲群落全氮含量范围在 262.48~385.12mg/kg，全氮含量的垂直分布呈随土壤深度增加而逐渐降低的趋势（见图 6-10 和表 6-8）。

3 年恢复芦苇群落土壤全氮含量范围为 279.40~896.80mg/kg，全氮垂直分布为逐渐下降趋势，相比于 1 年恢复芦苇群落，全氮平均值和变异性均有所升高。3 年恢复香蒲群落氮元素的含量范围为 789.36~1672.48mg/kg，全氮的垂直分布为逐渐下降趋势，相比于 1 年恢复香蒲群落，全氮含量平均值和变异性

升高明显（见图 6-10 和表 6-8）。

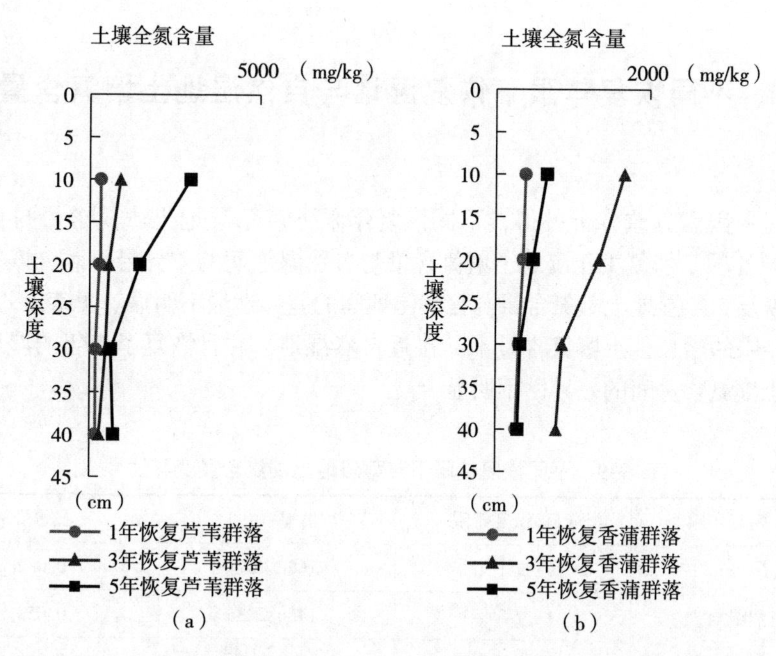

图 6-10　向海国家级自然保护区 9 月恢复芦苇和香蒲湿地全氮的垂直分布

表 6-8　向海国家级自然保护区 9 月恢复芦苇和香蒲湿地土壤全氮平均值与变异系数

群落	元素	平均值（mg/kg）	变异系数（%）
1 年恢复芦苇群落	全氮	233.28	28.56
1 年恢复香蒲群落	全氮	326.31	14.69
3 年恢复芦苇群落	全氮	550.43	40.71
3 年恢复香蒲群落	全氮	1168.62	82.32
5 年恢复芦苇群落	全氮	1436.88	65.54
5 年恢复香蒲群落	全氮	438.78	33.88

5 年恢复芦苇群落土壤全氮的含量范围在 617.64～1471.96mg/kg，全氮含量的垂直分布为逐渐降低的趋势，相比于 3 年恢复芦苇群落，氮元素的平均值和变异性均有所升高。5 年恢复香蒲群落土壤全氮的含量范围在289.52～661.88mg/kg，全氮含量的垂直分布为逐渐降低的趋势，相比于 3 年恢复香

蒲群落，氮元素的平均值和变异性均呈现逐渐降低趋势（见图 6-10 和表 6-8）。

四、不同恢复年限下恢复湿地与自然湿地土壤氮含量的差异性

通过单因素方差分析可得，不同恢复年限下芦苇湿地土壤氮含量与自然湿地间差异各异。恢复 1 年湿地土壤氮含量与自然湿地间的差异最显著，恢复 3 年次之，恢复 5 年湿地土壤氮含量与自然湿地间的差异性最不明显（见表 6-9）。随着恢复年限的增长，土壤氮含量不断接近自然湿地，并且恢复了 5 年的湿地与自然湿地土壤氮含量间的差异已不明显。

表 6-9　不同恢复年限下芦苇湿地土壤氮含量变异性

(I) 恢复年限	(J) 恢复年限	均值差（I-J）	显著性
自然湿地	恢复 1 年	1680.407	0.032
	恢复 3 年	1466.223	0.053
	恢复 5 年	686.880	0.319

通过单因素方差分析可得，不同恢复年限下香蒲湿地土壤氮含量与自然湿地间差异各异。恢复 1 年湿地土壤氮含量与自然湿地间的差异最显著，恢复 5 年次之，恢复 3 年湿地土壤氮含量与自然湿地间的差异性最不明显（见表 6-10）。随着恢复年限的增长，土壤氮含量不断接近自然湿地，并且恢复了 3 年的湿地与自然湿地土壤氮含量间的差异已不明显。

表 6-10　不同恢复年限下香蒲湿地土壤氮含量变异性

(I) 恢复年限	(J) 恢复年限	均值差（I-J）	显著性
自然湿地	恢复 1 年	843.777	0.013
	恢复 3 年	249.367	0.372
	恢复 5 年	347.543	0.224

第四节　向海国家级自然保护区恢复湿地土壤磷的分布特征及差异

磷是湿地植物生长的主要营养元素之一，其在土壤中的含量大小直接影响着湿地生态系统的生产力，也是导致湿地及其相连水系发生富营养化的主要因素（Reddy et al.，1999）。面对人口与资源、环境的巨大压力，我国长期以来存在湿地的不合理利用问题，不仅使湿地丧失、退化和污染严重，而且还导致了严重的自然灾害和生态环境恶化等负面效应（陈宜瑜、吕宪国，2003）。因此研究湿地土壤磷对恢复湿地生态涵养能力具有重要意义。

一、向海国家级自然保护区 5 月恢复湿地土壤磷元素分布特征

1 年恢复芦苇群落土壤全磷含量在 119.24~134.24mg/kg，垂直方向上，全磷含量随土壤深度增加呈不断下降的趋势。1 年恢复香蒲群落土壤全磷含量在 157.8~194.00mg/kg，全磷含量在垂直方向上呈逐渐降低的趋势，该群落土壤全磷平均值与变异性均大于 1 年恢复芦苇群落（见图 6-11 和表 6-11）。

3 年恢复芦苇群落土壤全磷含量在 141.08~170.92mg/kg，垂直方向上，全磷含量随土壤深度增加呈现逐渐降低的趋势，相比于 1 年恢复芦苇群落，全磷的平均值和变异系数有所升高。3 年恢复香蒲群落土壤全磷含量在 132.6~273.48mg/kg，全磷在垂直方向上随土壤深度增加而大幅降低，相比于 1 年恢复香蒲群落，全磷含量有所升高，但变异性上升明显（见图 6-11 和表 6-11）。

5 年恢复芦苇群落土壤全磷含量在 176.36~221.68mg/kg，全磷含量的垂直分布随土壤深度的增加呈现先升后降的趋势，相比于 3 年恢复芦苇群落，全磷的平均含量和变异性均有所升高。5 年恢复香蒲群落土壤全磷含量在 184.12~257.04mg/kg，全磷的垂直分布呈现随土壤深度增加呈现先降后升的趋势，相比于 3 年恢复香蒲群落，全磷的平均含量有所升高，但其变异性降低（见图 6-11 和表 6-11）。

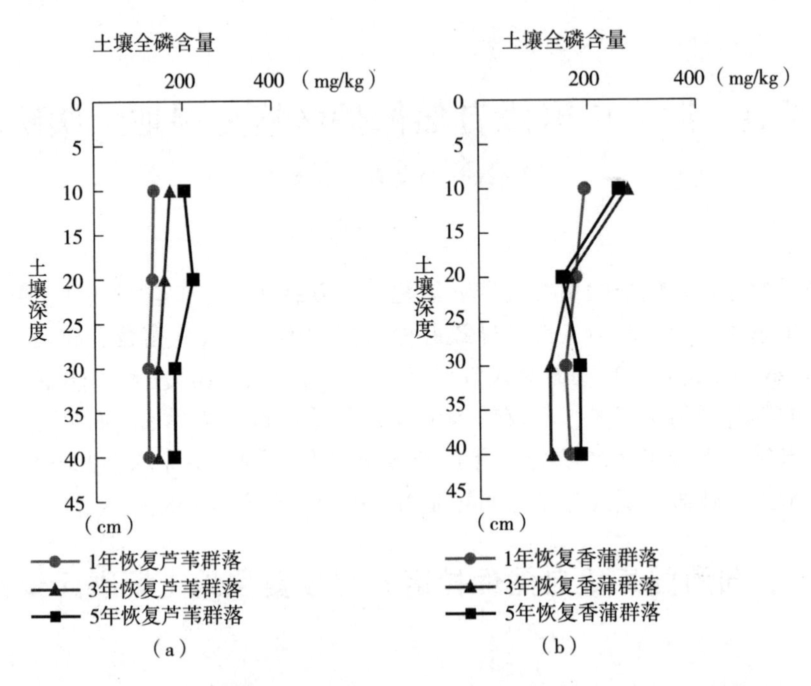

图 6-11 向海国家级自然保护区 5 月恢复芦苇和香蒲湿地全磷的垂直分布

表 6-11 向海国家级自然保护区 5 月恢复芦苇和香蒲湿地土壤全磷平均值与变异系数

群落	元素	平均值（mg/kg）	变异系数（%）
1 年恢复芦苇群落	全磷	125.68	5.20
1 年恢复香蒲群落	全磷	173.63	7.87
3 年恢复芦苇群落	全磷	152.84	8.02
3 年恢复香蒲群落	全磷	175.33	33.34
5 年恢复芦苇群落	全磷	195.03	9.49
5 年恢复香蒲群落	全磷	194.57	19.69

二、向海国家级自然保护区 7 月恢复湿地土壤磷元素分布特征

1 年恢复芦苇群落土壤全磷的含量范围介于 133.68～173.16mg/kg，全磷

含量的垂直分布趋势呈现随土壤深度增加而先降低后升高。1 年恢复香蒲群落土壤全磷的含量范围介于 152.00~207.48mg/kg，全磷含量垂直方向上呈现波动下降的趋势，相比于 5 月，全磷的平均含量和变异性有所升高（见图 6-12 和表 6-12）。

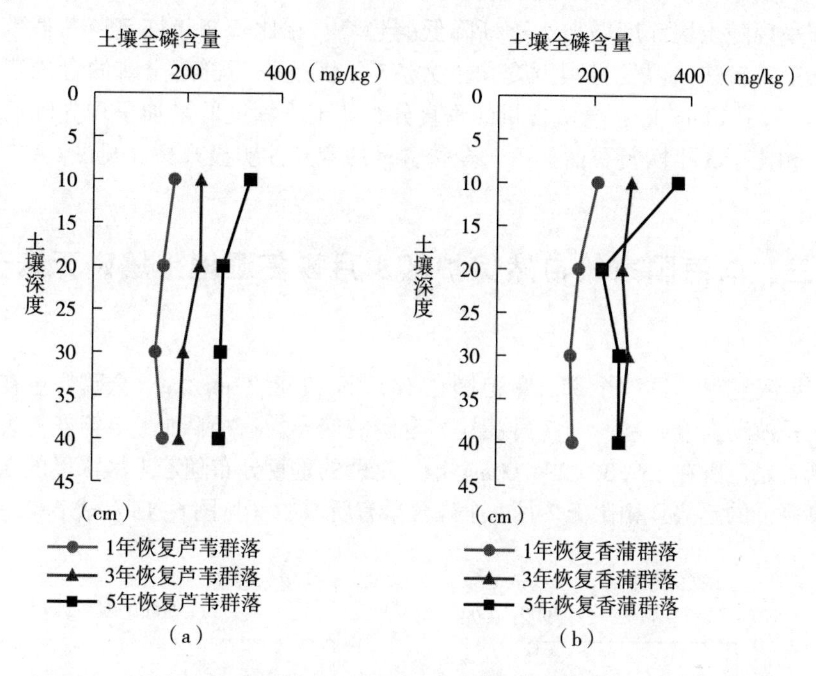

图 6-12　向海国家级自然保护区 7 月恢复芦苇和香蒲湿地全磷的垂直分布

表 6-12　向海国家级自然保护区 7 月恢复芦苇和香蒲湿地全磷平均值与变异系数

群落	元素	平均值（mg/kg）	变异系数（%）
1 年恢复芦苇群落	全磷	151.94	9.24
1 年恢复香蒲群落	全磷	171.46	12.62
3 年恢复芦苇群落	全磷	209.03	9.35
3 年恢复香蒲群落	全磷	266.62	3.29
5 年恢复芦苇群落	全磷	289.15	9.09
5 年恢复香蒲群落	全磷	274.99	21.37

3 年恢复芦苇群落全磷的含量范围在 185.72~229.80mg/kg，全磷的垂直分布呈逐渐降低趋势，相比于 1 年恢复芦苇群落，全磷的变异性均有所降低。3

年恢复香蒲群落全磷的含量范围在 256.40~277.68mg/kg，全磷的垂直分布呈波动降低趋势，相比于 1 年恢复香蒲群落，全磷的变异性大幅降低（见图 6-12 和表 6-12）。

5 年恢复芦苇群落全磷的含量范围在 270.76~334.44mg/kg，全磷含量的垂直分布呈现随土壤深度增加而逐渐降低的趋势，相比于 3 年恢复芦苇群落，全磷含量上升较快，但变异程度变化不大。5 年恢复香蒲群落全磷的含量范围在 217.68~373.40mg/kg，全磷含量的垂直分布随土壤深度的增加呈现先降后升的趋势，相比于 3 年恢复香蒲群落，全磷含量的变异性明显升高（见图 6-12 和表 6-12）。

三、向海国家级自然保护区 9 月恢复湿地土壤磷元素分布特征

1 年恢复芦苇群落全磷含量范围在 141.28~168.32mg/kg，全磷含量在垂直方向上呈波动上升趋势，与 7 月相比，全磷的变异性有所降低。1 年恢复香蒲群落全磷含量范围在 139.36~294.00mg/kg，全磷的垂直分布随着土壤深度的增加呈现逐渐降低的趋势，相比于 7 月，全磷含量有所增加（见图 6-13 和表 6-13）。

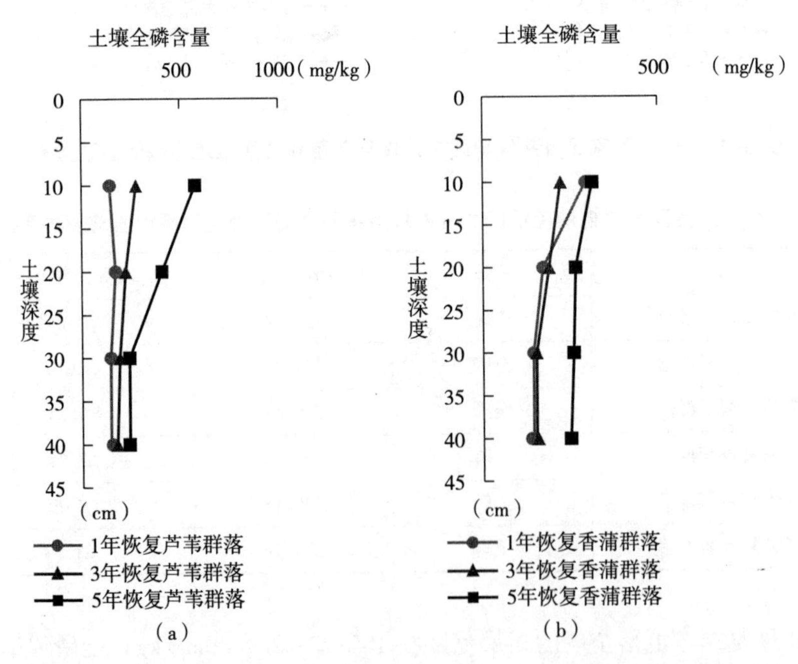

图 6-13 向海国家级自然保护区 9 月恢复芦苇和香蒲湿地全磷的垂直分布

表 6-13 向海国家级自然保护区 9 月恢复芦苇和香蒲湿地全磷平均值与变异系数

群落	元素	平均值（mg/kg）	变异系数（%）
1 年恢复芦苇群落	全磷	150.8	7.10
1 年恢复香蒲群落	全磷	187.53	33.45
3 年恢复芦苇群落	全磷	212.47	17.84
3 年恢复香蒲群落	全磷	180.78	15.57
5 年恢复芦苇群落	全磷	362.92	39.29
5 年恢复香蒲群落	全磷	271.68	9.00

3 年恢复芦苇群落土壤全磷含量范围为 173.52~272.24mg/kg，全磷垂直方向上为逐渐下降趋势，相比于 1 年恢复芦苇群落，全磷的平均值和变异性均有所升高。3 年恢复香蒲群落全磷含量范围为 153.20~223.00mg/kg，全磷的垂直分布为逐渐下降趋势，相比于 1 年恢复香蒲群落，全磷含量平均值和变异性均降低（见图 6-13 和表 6-13）。

5 年恢复芦苇群落土壤全磷的含量范围在 233.24~578.36mg/kg，全磷含量的垂直分布为逐渐降低的趋势，相比于 3 年恢复芦苇群落，全磷的平均值和变异性均有所升高。5 年恢复香蒲群落土壤全磷的含量范围在 249.72~312.96mg/kg，全磷含量的垂直分布为逐渐降低的趋势，相比于 3 年恢复香蒲群落，全磷的平均值和变异性均呈现逐渐降低趋势（见图 6-13 和表 6-13）。

四、不同恢复年限下恢复湿地与自然湿地土壤磷含量差异性

通过单因素方差分析可得，不同恢复年限下芦苇湿地土壤磷含量与自然湿地间差异各异。恢复 1 年湿地土壤磷含量与自然湿地间的差异最显著，恢复 3 年次之，恢复 5 年湿地土壤磷含量与自然湿地间的差异性最不明显（见表 6-14）。随着恢复年限的增长，土壤磷含量不断接近自然湿地，并且恢复了 5 年的湿地与自然湿地土壤磷含量间的差异已不明显。

表 6-14 不同恢复年限下芦苇湿地土壤磷含量变异性

（I）恢复年限	（J）恢复年限	均值差（I-J）	显著性
自然湿地	恢复 1 年	155.753	0.012
	恢复 3 年	107.023	0.058
	恢复 5 年	16.193	0.747

通过单因素方差分析可得，不同恢复年限下香蒲湿地土壤磷含量与自然湿地间差异各异。恢复1年湿地土壤磷含量与自然湿地间的差异最显著，恢复3年次之，恢复5年湿地土壤磷含量与自然湿地间的差异性最不明显（见表6-15）。随着恢复年限的增长，土壤磷含量不断接近自然湿地，并且恢复了3年的湿地与自然湿地土壤磷含量间的差异已不明显。

表6-15　不同恢复年限下香蒲湿地土壤磷含量变异性

（I）恢复年限	（J）恢复年限	均值差（I-J）	显著性
自然湿地	恢复1年	343.033	0.070
	恢复3年	230.567	0.197
	恢复5年	190.523	0.278

本章小结

受土壤水分和温度、氮磷分布和人类活动的影响，向海国家级自然保护区恢复湿地土壤有机碳和黑碳含量在生长季不同时期和不同群落具有明显的变化规律：5月正处于植物生长的初期，1年恢复芦苇群落土壤有机碳和黑碳含量分别富集于土壤中下层和土壤层，1年恢复香蒲群落土壤有机碳和黑碳含量分别富集于土壤表层和中下层，两群落黑碳变异性均高于有机碳。3年恢复芦苇群落土壤有机碳和黑碳含量分别富集于土壤中下层和表层，有机碳的变异性低于黑碳；3年恢复香蒲群落土壤有机碳和黑碳含量均富集于土壤表层，有机碳的变异性高于黑碳。5年恢复芦苇群落土壤有机碳和黑碳含量分别富集于土壤底层和表层，5年恢复香蒲群落土壤有机碳和黑碳含量分别富集于土壤底层和表层区域，两群落黑碳变异性均高于有机碳。

7月，由于植物处于生长的中期，因而对元素调节作用较强。1年恢复芦苇群落土壤有机碳和黑碳含量均富集于土壤中上层，该群落有机碳变异性高于黑碳。1年恢复香蒲群落土壤有机碳和黑碳含量分别富集于土壤表层和底层区域，该群落黑碳变异性高于有机碳。3年恢复芦苇群落土壤有机碳和黑碳含量均分布于土壤中层，该群落黑碳变异性高于有机碳。3年恢复香蒲群落土壤有机碳和黑碳含量的富集范围相比于5月有所下移，该群落有机碳变异性高于黑碳。5

年恢复芦苇群落土壤有机碳和黑碳含量分别富集于土壤表层和中下层，黑碳的变异性明显高于有机碳。5年恢复香蒲群落土壤有机碳和黑碳含量均富集于土壤表层，富集范围相比于5月变动较小，有机碳的变异性高于黑碳。

9月，已进入生长季的晚期，1年恢复芦苇群落土壤有机碳和黑碳含量均富集于土壤表层，该群落有机碳变异性高于黑碳。1年恢复香蒲群落土壤有机碳和黑碳含量分别富集于土壤表层和中上层，该群落黑碳变异性高于有机碳。3年恢复芦苇群落土壤有机碳和黑碳含量分别富集于土壤表层和中上层，该群落有机碳变异性高于黑碳。3年恢复香蒲群落土壤有机碳和黑碳含量的富集范围均较7月有所上升，有机碳和黑碳的变异性基本一致。5年恢复芦苇群落土壤有机碳和黑碳含量主要分别富集于土壤表层和中下层，有机碳变异性显著高于黑碳；5年恢复香蒲群落土壤有机碳和黑碳含量分布于土壤表层，黑碳和有机碳的变异性相接近。经检验，生长季不同时期不同恢复年限下芦苇和香蒲群落的有机碳含量差异性显著高于黑碳（$p<0.05$）。

恢复年限对湿地土壤氮含量具有较大影响，随着恢复年限的增长，土壤全氮含量呈逐渐增加趋势，恢复1年、恢复3年、恢复5年芦苇湿地土壤全氮含量分别为303.74mg/kg、533.42mg/kg和1305.57mg/kg，恢复1年、恢复3年、恢复5年香蒲湿地土壤全氮含量分别为404.33mg/kg、998.74mg/kg和900.57mg/kg。随着恢复年限的增长，湿地土壤氮含量不断接近自然湿地，恢复5年的芦苇湿地与自然湿地土壤氮含量间的差异已不明显，恢复3年的香蒲湿地与自然湿地土壤氮含量间的差异已不明显。5~9月湿地土壤全氮含量呈先增加后降低的趋势，以7月土壤全氮含量最高。

恢复年限对湿地土壤氮含量具有较大影响，随着恢复年限的增长，土壤磷含量呈逐渐增加趋势，恢复1年、恢复3年、恢复5年芦苇湿地土壤全磷含量分别为142.81mg/kg、191.45mgkg和282.37mg/kg，恢复1年、恢复3年、恢复5年香蒲湿地土壤全磷含量分别为177.54mg/kg、207.58mg/kg和247.08mg/kg。随着恢复年限的增长，湿地土壤磷含量不断接近自然湿地，恢复5年的芦苇湿地与自然湿地土壤磷含量间的差异已不明显，恢复3年的香蒲湿地与自然湿地土壤磷含量间的差异已不明显。季节动态变化影响土壤磷含量及其剖面分布特征，9月土壤磷含量最高，7月次之，5月最低，且从土层剖面来看，磷主要富集在0~20cm土层中，越向下层含量越低。

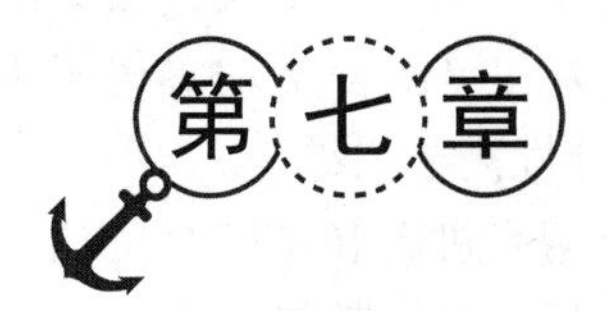

湿地保护管理的现状及问题

向海国家级自然保护区多种生物区系与复杂的生态环境相互作用，形成独特的多类型的复合生态景观（周洁敏，2000）。目前，吉林省向海国家级自然保护区由于放牧、开荒、捕鱼和割苇等人为活动，其环境已经遭到一定程度的破坏，对以湿地为主要栖息地的鹤类等水鸟及其湿地生态系统健康构成了严重的威胁（郎振华、胥铭兴等，2011），因此保护和建设向海湿地自然保护区对保护生物多样性、维持区域环境、减少灾害、发展当地经济、综合治理吉林西部生态环境问题、实现区域可持性发展等均十分重要。本章在分析向海湿地退化及保护管理现状的基础上，找出湿地保护管理的问题，为湿地保护管理对策的制定提供参考。

第一节　湿地保护管理的现状

一、湿地退化现状

（一）湿地水资源相对不足

向海国家级自然保护区处于温带大陆性季风气候半干旱地区，雨热同季，年平均降水量 390.6mm，雨量多集中在 6~8 月（占年降水量的 75%），年平均蒸发量为 1946mm。区内主要依靠霍林河和额穆泰河两条季节性河流补给水资源，水资源不足，尤其在降水较少的季节里不能及时向向海湿地补充水源，使向海湿地存在严重的季节性缺水问题（李鱼、张华鹏等，2005）。受季节性河流的影响，湿地在旱季的季节性缺水使湿地水源得不到有效补给，经常出现大面积湿地干涸现象，影响了水生生物的生长发育，甚至生存（王长科、刘彩虹等，2000）。向海国家级自然保护区地表径流量少，地下水水位相对较浅，多在 0.5~2.5m，少数地段小于 0.5m，水源的长久补给是保证湿地存在的首要条件，霍林河和额穆泰河的径流量都随时间的变化而变化，只有当丰水期才能接收到补偿，连续数年干旱天气导致向海区内贫水情况恶劣，多年来本地区内的大部分湿地都濒于缺水状态。

中华人民共和国成立以来，吉林省和内蒙古自治区在霍林河流域范围内进行了一些水利工程修建，在防洪、发电、蓄水灌溉方面取得了一定的效益，但对湖泊湿地的生态环境和水禽栖息地却产生了不利影响。由于拦河筑坝、截水灌溉，改变了水资源原有的时空分布，隔断了自然河流与湖泊等湿地水体间的天然联系，导致位于下游的 20 多个大型湖泊由于得不到足够的水量补充而逐渐萎缩、功能下降、水质咸化，并对湖泊周围地区的生态平衡产生了不良的影响。2003 年春季，在气候干旱的叠加作用下，向海湿地的天然泡沼全部干涸，包括蓄水达 30 多年的碱地泡也全部干涸，泊底迅速发生了植被演变，由喜盐喜干的蒿类和其他禾草类取代。向海水库也进入了死库容水位线以下。

（二）湿地水质受到污染

水资源的不合理开发加剧了其紧张程度，人类生产生活及农田退水等排放的污染物造成湿地水资源污染，水质下降，水质净化功能丧失。由于得不到充分的水分供应，部分湿地已经干涸，对很多水生生物造成了危害，导致地表植被退化，生物产量降低，土壤粗化，生态功能退化，土地沙化程度进一步加剧（张春霞等，2003）。向海国家级自然保护区主要的生产活动是农业和牧业，非农废水不会产生很多，但最近几年人们不断滥用农药化肥，所以致使水污染日益严重。这些农药化肥一旦进入沼泽湿地，不但会使湿地水体的质量恶化，还会对生物多样性造成巨大威胁。目前众多天然泡沼以及成为工农业污水和生活废水的排泄区，区内湖泡富营养化程度恶劣，水生生物逐渐变少，飞禽类种类和数量也慢慢减少，而且每年候鸟迁徙季节都有多种飞禽因误食化肥而中毒身亡，其中不乏珍稀鸟类。

现如今由于霍林河上游水利工程的影响，河川径流在时间上重新分配，使下游河道径流变化幅度有所减少，减弱季节性变化，改变洪水、枯水时间，减少年平均径流量和洪水频率（彭浩等，2002）。水体自净是有一个限量的，且水量、含沙量也影响着水体自净。如果我们人为地向水中排入过多的污染物并超过了水环境容量，就会造成水体严重污染，这种状况如果得不到及时和有效的改变，那么就会导致恶性循环，出现“死水”现象。向海地区沙化严重，水中含沙量较高，且农药、化肥等污染物质也不断进入水体，在水量不能保证的前提下，水体自净能力势必会被减弱（孙玉文，2008）。目前，许多天然湖泊湿地已成为工业废水和农业退水的承泄区，湿地整体质量下降。

（三）湿地淤积较严重

向海国家级自然保护区所在位置是蒙古族乡，具备传统的放牧习惯；通榆县也是一个半农半牧地区。由于多年来羊绒的市场价格的越来越高以及政策上县委县政府对牧业的大力支持，使当地的放牧行业发展迅速，山羊绒产量剧增，人畜活动过于频繁。当前区内各类牲畜有 25×10^4 头（只），是 20 世纪 70 年代的 17.54 倍，是草甸承载力的 20 倍，在设有放牧点的区域，各类牲畜长期踩踏和咬食草原和芦苇。源于长时间地只顾牛羊的净增头数和被经济利益冲昏了头脑，盲目加大草场的载畜量，但是基础设施建设和科学管理没有并驾齐驱，导致了畜草矛盾慢慢浮出水面。超载放牧不仅使一定面积上的产草量减少，更为严重的是草地退化、土壤沙化和碱化。农户养殖以牛、猪、羊为主，其中羊类中的山羊居多，它们又对草原和蒙古黄榆的摧毁性特别大。虽然已经颁布季度性禁牧举措，也消解了经济发展与环境保护的冲突，但核心区内人们依旧我行我素。过度放牧已经让湿地周边地区的草原退化，沙漠植被逐渐衰落，外加对区内丘陵和田埂上的天然林木不适当砍伐，惨重的水土流失使得河床和湖泡的泥沙淤积，亦引致湿地大小不断萎缩（王长科等，2000）。过度放牧和盲目开荒已使保护区内湿地周围的草原植被退化，沙漠植被严重衰落，加上对保护区内沙丘和田埂上的天然森林过量采伐，严重的水土流失导致河床和湖泊（水库）的淤积，造成湿地面积不断萎缩（李鱼，2005）。

围垦是当地居民增加收入的重要方式之一，也是该区湿地面积减少的重要原因。上游的耕垦历史较短，多以开荒—退化—弃耕—新耕的恶性循环方式进行耕种，一般耕垦 2~3 年后，土壤质地变粗，肥力下降，耕层土壤几乎被冲蚀掉，最终弃用，引起水土流失。随着草地湿地植被的消失，风蚀日益加剧，致使土壤肥力下降，各分区大面积出现沙化和盐碱化现象。随着区域垦殖规模的加大，被垦湿地所拥有的各种资源随之消失，尤其是毁苇开荒使芦苇资源减少最为严重。由于水禽栖息地被破坏，致使珍禽和迁徙鸟类减少，有些种类甚至绝迹。

（四）生物资源被过度利用

20 世纪五六十年代，霍林河流域草地资源、湿地资源和生物资源十分丰富。进入 70 年代，由于人口增加，该区过度放牧、开垦湿地的现象较多，加之气候干旱、水分短缺等因素，土地的沙漠化十分严重。据统计，向海国家级自然保护区现有草场面积比 20 世纪 50 年代减少 31.6%；区内优质牧草种类和数量减少，盖度由 80%下降到 60%，植株平均高度由 70cm 下降到 20cm。沙化和盐碱化出现在湿地周围，“三化”面积已占现有面积的 75%以上。由于草地、湿地天然的破坏，形成芦苇沼泽向沼泽→草甸→草原→荒漠的演替，且演替趋势由北到南不断发展，水禽栖息地破坏严重。过度捕捞、酷捕幼鱼，加上水域面临化肥、农药污染，致使鱼类资源衰退，鱼类群体结构发生变化，危及到了水禽的食物来源。过度猎捕、捡拾鸟蛋等导致鸟类种群数量大幅度下降，特别是在春季鸟类迁徙时节，危害极为严重。

具有较高利润的割芦业由当地县芦苇局经营，已经成为当地农业经济的主导之一。由于每个村民都希望多收获一些芦苇，每年有10000t芦苇被收割，一些地方大面积成片的芦苇被割尽，随着泥沙淤积、芦苇滩涂逐年加速扩展，已成为威胁保护区的重要因素。这主要是保护区缺乏对强大的地方国有芦苇业的制约机制和与之抗衡的经济开发实力，芦苇的扩展从某种程度上减少了水禽有效栖息地的范围。同时，大面积的芦苇沼泽地是候鸟主要栖息场所，每年掠夺式的芦苇收割，使栖息地的候鸟处于极度紧张状态，在一些区域甚至产生驱逐效应。因此，如果缺乏对芦苇业有权威的政策性约束机制，或者不改变历史上形成的保护区自然资源管理体系，芦苇业对候鸟栖息地的破坏将是无法消除的。

（五）旅游的影响

因为生态旅游不仅可以供给大量职业岗位，还可以给本区甚至整个国家带来可观的收入，所以保护学家把生态旅游作为使保护区可持续发展的必要手段。然而，不适当地追求经济效益，则会导致向海国家级自然保护区不通过严谨的论证考察和收益对比就投闲置散，使一些没有遵循因地制宜原则的开发项目胡乱实施，不仅破坏了保护区湿地的景观价值，也损害和减少了保护区内生态系统的稳定性和生物多样性。

由于许多湿地既是珍稀野生鸟类的做巢地，又是鱼类生存极其重要的环境，渔民在湿地中捕鱼必然会影响鸟类做巢。旅游活动也使水禽的栖息范围缩小。如向海水库等原是水禽迁徙落足和繁衍的场所，但近年来由于游客的干扰在此落足的水禽数量大幅度减少，每年春夏两季只能见到少量的鸭类和鸥类在水面上嬉戏觅食，很少再见到鹤类停留。

二、湿地保护管理现状

向海保护区始建于1981年3月，是经吉林省人民政府以吉政函第27号文批准建立，以保护丹顶鹤、白鹤及蒙古黄榆等珍稀濒危动植物为主的自然保护区，为白城市直属林业事业单位，后委托通榆县人民政府代管。1986年7月，国务院第75号文批准向海为“国家级森林和野生动物类型自然保护区”，管理体制为省林业主管部门和县政府双重领导。1992 年 1 月，向海保护区被列入《关于特别是作为水禽栖息地的国际重要湿地公约》中“国际重要湿地名录”，同年被世界野生生物基金会（World Wildlife Fund International）评为“具有国际意义的 A 级自然保护区”。1983~1992 年，原国家林业部和吉林省林业厅投资，在保护区进行了一期工程建设，总投资 160 万元。1993 年 5 月被中国“人与生物圈国家委员会”批准加入“中国生物圈保护区网络”。1994 年 7 月 30 日，吉林省八届人大十一次会议通过了《吉林向海国家级自然保护区管理条例》，使向海保护区的规范化管理有了法律依据。1993 年 4 月吉林森警总队派出一支森警大队进驻向海保护区，配备了森林防火车等设施，切实加强了保护区的防火、禁猎等保护工作。1996 年在一期工程建设完成的基础上林业部批准计划投资 939 万元进行一期续建工程。1995 年经省编制委员会批准向海保护局晋升为县处级事业单位。1999 年 10 月，国家林业局设计院和保护区合作编制完成《吉林向海国家级自然保护区总体规划（2000~2005 年）》，确定向海国家级自然保护区为“内陆湿地和水域生态系统类型”自然保护区，是湿地生物物种的遗传基因库。同年国家给保护区专项投资 1065 万元用于分洪入向海、造林、种草、封山育林等生态工程建设，初步建立了较完善的保护体系。1999 年 11 月 30 日，吉林省人民政府召开专题会议，将保护区管理体制调整为省林业和通榆县双重管理，以省为主，整体上划归省林业厅直属事业单位。吉林向海国家级自然保护区管理局是自然保护区的专门管理机构，负责保护区的管理工作。保护区管理局现设有办公室、计划科研处、资源处、公安分局、旅游公司及基层站所等，不仅坚持对保护区的巡护和生态观察，禁止非法捕猎，而且开展了野生动物的饲养和驯化、鸟类环志等科研项目，同时接待了大批的国内外来保护区考查人员，对湿地及生态系统保护做出了贡献（孙玉文，2008）。2012 年，被中国动物园协会确定为丹顶鹤管理种群繁育基地。2014 年，向海所处的通榆县被国家野生动物保护协会授予“中国丹顶鹤之乡”荣誉称号。2015 年，被省旅游局、省环保厅评为“吉林省省级生态旅游示范区”。

保护区的边界和功能区范围不明确，也是造成湿地资源保护效用有限的主要原因之一。1997 年吉林省人大出台的《吉林向海国家级自然保护区管理条例》将保护区只划分为核心区和实验区，而没有划分和设置缓冲区。虽然，现有《吉林向海十一五规划》中设置了缓冲区，但是，功能区在湿地并无明确的界限或标志，致使保护区缺乏法律法规保障而被挤占开垦和征地开发，另外，个别管理者可以不受制约地出让保护区土地及其他资源，这些都导致保护区面积变动，不利于保护区内湿地资源的保护（任春颖，2008）。近年来，根据向海国家级自然保护区保护对象时间、空间的分布特点，居民点及其生产生活需要情况，以鹤类、东方白鹳、大鸨为重点分别确定各自的核心区、缓冲区和实验区。加大了对各区的管理，改善了鸟类栖息地条件，提供食物来源，严格控制渔业，禁止狩猎、投毒、放牧。同时为了保护蒙古黄榆这些大自然的遗产，向海国家级自然保护区投资26万元，营造了总长度约50000m的沙棘生物围栏和铁丝网工程围栏，使它们在一定程度上得到了保护（杜凤国，2003）。

第二节 湿地保护管理的问题

一、湿地保护法律亟待完善

在湿地管理立法方面，我国现对比很多国家来说，比较滞后。一方面，我国没有针对湿地的专门法律。另一方面，虽然我国已经加入国际《湿地公约》，但是，该公约从本质上来说，只是针对湿地的一些原则性条款，没有详细的法规，所以不具实施性和可操作性。根据我国当前关于湿地生态保护方面的法律来看，立法的出发点主要是针对湿地的水资源、土壤以及动植物的生物资源要素，没有涉及生态功能保护等（杨洋，2018）。

综观我国法规体制，关于湿地保护法，多渗透于《森林法》《水法》《环境保护法》等，并未明确提出《湿地保护法》具有明确关键词的法规体制，已有的相关法律、法规中对湿地保护的条款分散、不成系统，无法可依或法条相互交叉，重复并存，难以发挥作用。因为保护法律不健全，导致湿地保护工作在执行过程中面临较大阻碍（孟庆庭、李修岭，2018）。例如，湿地利用的许可制度，利用湿地要有什么程序，是不是许可？美国湿地专门有许可证制度。又如湿地的补偿制度、湿地的补水制度，在许多保护自然资源的法律当中根本没有规定。湿地的专门法律到目前为止还没有一部，这严重制约了湿地保护法制建设的可持续发展。目前，向海国家级自然保护区湿地管理主要依据《吉林向海国家级自然保护区管理条例》，部分法规条文不能满足本湿地保护管理需要（魏海燕，2017）。

二、湿地管理体制分散

湿地本身的自然特性，是涉及土地、水域、野生动植物、农田等的综合体，按照我国现行的行政管理体制，林业、农业、环境保护、土地、海洋、水利、建设、运输等部门在其职权范围内都有管理的职责，出现了多头管理和交叉管理的情况，造成湿地管理存在管理漏洞，管理效率不高，不利于湿地生态系统的统一规划和管理（沈文星，2006）。同时，对于湿地资源保护缺乏正确思想认知，导致湿地管理工作无法有效落实到实践当中。湿地的管理涉及农业、林业、水利、国土、环保、旅游等多部门，职能叠加、多头管理。管理目标不一，使它们各取所需、各行其是，管理机制混乱严重影响了湿地的科学管理（艾翔、翁汉林，2018）。

组织机构薄弱，保护区主要管理人员不稳定，保护区内从开发到管理，缺乏对“生态旅游”真正内涵的理解，管理层缺少宏观把握，存在对保护区盲目建设状况，虽然制定了一些旅游规划但实施过程中并未很好执行。还缺乏从保护区整体角度出发进行总体布局，统筹规划具体方案，这样就很难形成有特色的生态旅游网络和布局。保护区虽然由吉林省直属的保护局综合管理，但保护局与向海乡及通榆县政府有着密不可分的关系，由于经营权分离的不够完善，外包景区的收入每年也有很大程度的缺失，很难达到以生态旅游的指导思想、科学技术开展经营活动，从而严重阻碍了自然保护区生态旅游的发展。保护区的科研与推广力度不够，这使得保护区的工作难以持续、有效地开展。湿地作为一种具有较高生产力的生态系统类型，随着保护区及周边地区人口的增加以及经济的发展，保护区开荒捕捞、狩猎、割苇和放牧等人为活动也越来越频繁，沼泽和草原的荒漠化程度日益加剧，保护区湿地面积正在逐渐减少，种群的数量正在急剧下降。鉴于向海地区生态重要性和脆弱性，以及重要的自然保护价值，实行强制保护具有重要意义。

三、管理缺乏技术支撑，技术性不强

目前，国内外对保护区湿地建设还没形成一套完善的技术体系，现有的实践水平不高，多数处于探索性阶段（赵泽华，2018）。当前湿地管理工作存在的主要问题在于，管理技术比较滞后，管理体制仍需进一步完善。首先，政府在湿地保护领域所投入的资金有限，导致管理设施以及软件引进明显受限，管理体系功能不健全，管理效率低下。

同时，在湿地保护数据评估与监测方面，仍以人工方式为主，缺乏信息技术的引进，导致评估和测评工作执行效率和执行效果并不理想。湿地保护区建设涉及的专业性知识较强，专业性人才的极度缺乏也是制约湿地建设的一个重要原因。管理人员的业务素质亟待提高，由于保护区缺少专业人员，亟须引进人才，加强对现有职工的专业技术培训和岗位培训，调整人才结构与专业结构（周洁敏，2000）。

四、全民湿地保护意识薄弱，公众意识不足

目前，制约湿地保护的主要因素，在于民众对于湿地保护缺乏正确思想认知。部分民众过于看重自身经济利益，肆意破坏湿地生态系统，导致湿地资源逐渐减少。归咎原因，主要因为政府对湿地保护缺少宣传力度，对广大民众缺乏保护思想宣传教育。因为宣传力度不足，缺乏与湿地保护有关的教育培训，导致当地民众湿地保护意识薄弱，严重阻碍实现可持续发展。

公众参与是对湿地保护管理的一条重要途径。但是我国相关的立法比较零散、模糊。首先，法律制度保障是公众参与湿地保护的重要前提。其次，完善的立法系统，能够让公众在遇到湿地问题时，知道用何种方式进行参与，法律为公众的参与提供平台。最后，公民及其团体在法律上的地位不明确，甚至没有法律地位，公众参与民主决策、参与国家管理的机制尚未建立。

本章小结

可持续发展观念的不断深化背景下，国家对湿地保护工作越来越重视，我国在湿地保护网络体系的建设方面不断地完善，并且启动了湿地生态效益补偿试点，这些都说明了湿地保护以及生态恢复是大势所趋。加强对湿地生态的保护以及恢复，能从整体上促进当地生态环境的可持续发展。目前湿地保护管理中存在着湿地保护法律亟待完善、湿地管理体制分散、管理缺乏技术支撑、技术性不强、全民湿地保护意识薄弱、公众意识不足等问题。

向海地域辽阔，湿地资源丰富，但是面临着严重的威胁，出现湿地水资源相对不足、湿地水质受到污染、湿地淤积较严重、生物资源被过度利用、旅游对湿地的干扰等问题。建议要加大扶持力度，建立国家、地方和社会各界共同参与的多层次、多渠道湿地保护投入机制，充分发挥各方力量，以加快湿地保护步伐。应最大力度尽快修复湿地，建设湿地，增大湿地面积，保护水资源，使向海国家级自然保护区真正成为生物物种的基因库、生态系统的避难所。

湿地保护管理的对策与建议

自1971年《湿地公约》缔结以来，国际社会越来越意识到加强湿地保护与生态恢复、促进湿地持续合理利用的重要性和迫切性，而且国际社会对湿地的关注也从最初仅强调湿地作为水禽栖息地的功能，拓展到湿地保护和合理利用的各个方面，其中湿地的保护和管理成为国际社会关注的热点。我国已于1992年正式加入《湿地公约》，将“湿地的保护与合理利用”列入《中国21世纪议程》的优先发展领域，由国务院17个部委合作编制的《中国湿地保护行动计划》，把保护湿地，发挥湿地的综合效益，保证湿地资源环境持续利用，造福当代，惠及子孙定为我国湿地保护和合理利用的总目标。本章在分析湿地保护管理的相关理论与原则的基础上，提出湿地保护管理对策与建议。

第一节　湿地保护管理的相关理论及原则

湿地的保护和管理是为了达到预定保护和利用目的而组织和使用各种资源的过程，它在统一规划的基础上，运用技术、经济、法律、行政、教育等手段，限制自然和人为损害湿地质量的活动，达到既满足人类经济发展对湿地资源的需要，又不超出湿地生态系统的功能阈值的目的。湿地生态系统的保护与管理必须遵循生态学原则，了解湿地平衡机制，以生态学原理为指导，否则湿地保护和管理工作就会失去理论基础（吕宪国、刘红玉，2004）。

一、湿地保护管理的相关理论

如果湿地环境从根本上得不到有效保护，人—自然—社会三者关系就不可能和谐。因此，湿地生态系统的保护管理要遵循一定的理论（林小梅，2015）。常见的理论有：生态学理论、生态哲学、系统论原理、公平正义理论、经济学原理。

（一）生态学原理与生态哲学

生态学原理告诉我们，人的环境行为必须符合科学的生态观、遵循生态规律，生态活动的目标应该是追求最好的“生态效益”。生态系统生态学揭示了有机体彼此之间、有机体与整体环境之间相互联系的各种复杂方式，为综合生态系统管理的制度构建奠定了坚实的科学基础。根据生态学和生态系统的理论主要包括以下规律：能流物流规律、协调稳定规律、时空变化规律、相生相克规律、生态位原理、限制因子等原理，这些生态学原理对调整人与自然关系和保护生态环境具有重要意义。

人自来到世界起，就必须思考人与自然的关系这一不可避免的现实问题。从环境伦理的历史发展来看，各种不同派别的环境伦理正在向整合的趋势发展，形成一种既开放又统一的环境伦理学，这种伦理学的道德目标是建立人与自然和谐发展的伦理关系。作为一种系统的理论，生态整体主义形成于20世纪，是伴随着对人类中心主义问题的研究发展而来的，它的基本前提就是非中心化，生态整体主义是在以“人类利益”为中心的基础之上，加以“生态利益”为中心的内容，强调“人类和生态共同利益”，重视人类利益与生态利益的有机结合，两者相互促进。当人类利益与生态利益发生冲突和矛盾的时候，并非就只有非“此”即“彼”的残忍选择，在生态整体主义的环境伦理观下，可以选择人与生态之间相协调的第三条路——人与生态共存共荣。综合生态系统思想在许多方面也借鉴和切合了生态整体主义的伦理观。例如，综合生态系统管理一直强调的整体性、综合性特征。

（二）系统论原理

系统论是以系统的整体观、统一观和协调观为其核心思想的科学认识理论和理性的思维方法。它为我们提供了一种跨学科的世界观，它改变了传统科学规范的狭隘界限，从系统的角度去观察和分析整个客观世界，使人类的科学思维由实物为中心逐渐过渡到以系统为中心。

亚里士多德“整体大于部分之和”的名言也很好地说明了系统的整体性，系统中各要素并非是孤立地存在的，而是处在特定的位置上，发挥着各自的作用，各个要素相互关联，构成不可分割的整体。正如马克思所认为的：“一个有机系统，正如一个综合的整体一样，具有自己的前提和条件，而它的整体性发展目的，恰恰在于使其所有的要素从属于自己系统在历史发展过程中，就是通过这种途径保持自身的完整性，系统形成这种完整性来组成自己的要素、体系、过程和发展。”系统论为我们提供了一种极其重要的分析、描述和理解的指导，以有效解决现代社会频频出现的各种复杂多变的环境问题。综合生态系统管理法律的制定，系统论的运用是必不可少的。通过对系统论的知识运用，有助于我们理解生态系统的运行规律，进而确定对生态系统进行综合、合理管理的方向和制度。系统论的出现改变了人们传统的割裂事物内在联系的思维模式，为现代综合生态系统管理制度的建设提供有效的思维方法。它要求具体的制度构建应该从生态系统各要素相互联系的整体视角进行综合考虑，而不仅仅是关注湿地系统内某一要素的开发和改造，从而忽视对整个生态系统的影响和效应。

（三）经济学原理

湿地既是一种资源，同时它也是人类生产生活的环境。伴随着社会经济的快速发展，人类也加强了对湿地资源的开发强度，导致湿地的面积逐渐减少。因此出现了如何在稀缺资源中进行利用选择的问题。另外，湿地资源的优化使用问题，都是湿地生态系统管理所需要解决的问题。因此，湿地生态系统管理必须要遵循相关的经济学原理。

湿地面积减少和功能丧失是人类不合理活动和自然环境变化综合作用的结果。湿地资源的环境价格过低，导致决策层和开发商忽视湿地所提供的社会服务功能，造成枯竭性使用和浪费资源，加重资源的短缺。造成这种现象，主要是由于市场和政策失灵。许多湿地资源没有所有权和价格，因此人们对湿地资源漠不关心。基于上述情况，要达到湿地生态系统管理和保护的目标，必须在湿地生态系统管理中引入市场机制，即要将湿地纳入市场经济的轨道，引入多方位的竞争机制，根据市场的需求对湿地资源进行开发利用。

社会经济的可持续发展是以自然生态系统的可持续为基础。为了使湿地生态系统可持续，首先必须采取各种手段对湿地生态系统加以保护和管理，使其达到生态平衡的可持续状态，然后才能加以适当利用。目前湿地资源的稀缺性已经体现出来了，因此在今后的湿地生态系统的保护与管理过程中，必须坚持可持续发展与环境保护并举的方针，走可持续发展的道路。

（四）公平正义理论

湿地保护法的制度构建与实施只有在相关法学理论的支持下，方可有效平衡各种利益冲突，从而保障整体利益的实现。正义标准具有多样性，从柏拉图到康德、罗尔斯，再到凯尔森等，人们对正义内涵的争论从未停止，正义被赋予了丰富的内涵，罗尔斯曾说过："正义是社会制度的首要美德……同样，法律和制度无论多么有效率和井然有序，只要它们不正义，就必须被改造或废除。"正义随着时代的变迁和社会矛盾的复杂化，也在不停地变化着。人与自然的关系的变化，催生了生态正义理论。我们理应遵守罗尔斯所提出的“节俭原则”，现代人要为后代人着想，努力节约生态资源自然资源，只有这样，才能真正实现人与自然的和谐相处，实现人的发展和生态环境相协调。在湿地保护中，公平正义问题亦表现为不同的方面。一方面，湿地内不同利益群体因其自然形成的资源禀赋起点上的不公正。相对于其他人而言，生活在湿地周边的人们，对湿地资源开发利用中较为主动。另一方面，由于其所处地理位置的特殊性，其行为与湿地生态环境联系更为紧密，其社会经济生活就会受到很大的限制，对湿地的保护义务也更为重要。所以，生态正义理论对于实现公正、正确处理人类当前的利益与长远利益，具有重要的指导意义。

综合生态系统管理的整体性、系统性特征，使法律调整的对象、调整范围、调整手段以及其基本原则、调整模式、法律关系、执法体系、法律责任等法律要素都发生了深刻的变化。湿地综合生态系统管理法律的特殊性也在这些地方得以体现。公平正义是综合生态系统管理法律的基本价值导向。综合生态系统管理法律的特殊性，主要在于其调整着最广义的社会整体利益，因为从实质上看，这是在追求生态正义。从横向上看，它涉及国内不同区域之间的生态利益，流域或者行政管理部门之间的生态利益，甚至包括跨国界的生态利益。从纵向上看，它不仅包括当代人之间在生态利益上的公平正义，也包含当代人与后代人之间的公平正义。从其调整对象上看，也不再局限于人类自身的利益范畴，转而注重调整人与自然利益的协调与平衡。综合生态系统管理既要强调结果公正，也要强调程序公正，前者是人们所追求的目标，而后者是前者得以实现的保证、前提。

二、湿地保护管理的原则

（一）以生物多样性保护为核心的原则

湿地生态系统是陆地生态系统和水生生态系统的过渡类型，具有过渡类型所具有的物种多样性和脆弱性的特征。由于长期以来把湿地当作荒地来开垦使得湿地面积急剧减少，严重威胁到湿地物种的多样性。同时，湿地又是一个具有多功能的区域单元，它不仅为湿地生物物种提供栖息地，而且对于区域生态环境的修复也起到重要的作用。湿地面积的减少使其环境功能丧失。在湿地生态系统的保护与管理过程中，要始终贯彻以生物多样性保护为核心的原则。

（二）可持续性原则

人类社会的可持续性主要取决于自然资源的可持续利用性。可持续性发展的定义里包括可持续性发展的公平性原则、持续性原则、系统性原则。

公平性原则包括两层含义，一方面是代际公平，代际公平是指当代人和后代人拥有平等的发展机会，由于资源与环境是谋求发展的物质基础和重要前提，尤其是资源的减少对后代人的发展影响比较大。另一方面是代内公平。是指当代人享有平等的发展机会，人类在地球上生存，在享有地球资源的权力上是人人平等的；可持续发展要求人们根据生态系统持续性的条件和限制因子调整自己的生活方式和对资源的要求，在生态系统可以保持相对稳定的范围内确定自己的消耗标准，把资源视为财富；把人类赖以生存的地理环境看作是自然、社会经济等多因素组成的复杂系统。它们之间相互影响、相互制约。环境与发展之间的矛盾实质是由于人和复杂系统的各个部分之间的失调。一个可持续发展的社会，就是要从全局着眼，从系统间的关系进行综合分析和宏观调控。

（三）科学性原则

科学性原则是指在湿地生态系统的保护与管理过程中，必须以系统论的思想为指导，人类的一切活动都必须遵循生态学和生态环境保护的基本原理。科学性原则要求对湿地生态系统的功能及其机理进行深入调查研究，只有在掌握了湿地生态系统过程的基本规律才能去遵循它们。但是由于人们知识的局限，人们对于生态系统的生态过程及其机理性规律的认识是一个循序渐进的过程。因此湿地生态系统的保护与管理的方法和模式要随着人们知识水平的提高而发生调整。对于不同条件下的湿地生态系统来说，由于区域环境的差异性，湿地生态系统的形成机理也存在着差异，而且我们对与湿地保护与管理的目标也会有所不同。因此，科学性原则实质上还包括把最新的科学技术与湿地生态系统的保护与管理相结合。运用一切可能的方法和手段获取尽可能多的信息是保证科学性原则得以体现的前提。很多环境质量下降都是由于信息不通、市场失控和干预失灵综合造成的，而信息不通、市场失控和干预失灵的根本原因在于没有获取充分的信息而做出正确有效的决策。

（四）系统整体性原则

保持系统整体性是生态系统管理最重要的基本原理。运用系统论的思想进行管理，其首要任务是要明确系统的目的。管理工作中要特别给予重视自然生态系统有其自身整体运动规律。湿地是整体生态系统的组成部分，要管理保护好湿地，把湿地当作一个完整的系统来考虑。

湿地的水是不断流动的，通过地表径流和地下径流把周围其他生态系统连接起来，同时进行物质的交换。系统完整性表明，具有独立功能的系统要素以及要素间的相互关系是根据逻辑统一性要求的，协调存在系统的整体之中。系统的整体性内在的包括系统完整性的层次性，对于湿地生态系统来讲，系统完整性的层次性是指一定的湿地必须达到一定的面积才能使其功能发挥。系统整体性原则还要求人类活动与其对应湿地生态系统功能的影响密切联系起来，充分认识到人类活动不仅是湿地生态系统破坏和丧失的根本原因，而且也是湿地生态系统功能保护和恢复的最根本因素。

（五）无净减少原则

目前由于长期以来湿地管理中市场与政府的失效，湿地已经遭到大规模的破坏。湿地资源的稀缺性日益突出，但是还没有被有关部门和政府清楚认识到。这就使得今后我们在保护管理湿地生态系统中遵循无净减少原则。

无净减少原则要求湿地生态系统的现存量至少应维持到已有的水平，不再减少，同时现存的湿地功能通过管理应有所加强。无净减少原则内在地包括了政策性原则及对退化湿地生态系统进行恢复与重建的原则。因为要求湿地现存面积无净减少只有通过政策和法规来实现，而在面积无净减少的同时，湿地功能得以加强也只有通过对湿地生态过程的恢复与重建来实现。

（六）综合性原则

湿地生态系统位于陆地生态系统和水生生态系统过渡区域的位置。特殊的地理位置使湿地生态系统具有复杂性和脆弱性。脆弱性决定我们必须对湿地生态系统进行谨慎管理。同时，湿地作为地球陆地表面一个特殊的生态系统，即一个整体，是由各种组成湿地的子系统构成，因而具有复杂性。湿地生态系统的复杂性和整体性决定了对湿地生态系统的管理要综合考虑多方面的因素。首先，湿地生态系统的管理必须把生态学、环境学、地理学、资源科学以及社会科学等多学科知识融为一体，在充分了解湿地生态系统的功能及其机理的前提下，综合考虑各学科的原理与规律，采取相应的措施对湿地生态系统进行管理保护。其次，湿地生态系统的特征和湿地生态系统管理的综合性决定了湿地生态系统的管理部门在人员组成上也是综合的。在管理机构中必须充分考虑管理人员的素质结构、知识结构和专业结构。在管理决策时，湿地生态系统的决策者要综合考虑各个专业人员的意见而进行谨慎的选择。最后，湿地生态系统在区域分布上穿越多个行政区的界限，并涉及多个利益主体。因此在管理湿地资源时，要综合考虑到局部利益和全局利益、长远利益和近期利益之间的矛盾。

综上所述，对湿地生态系统的保护管理必须服从综合性原则，在管理决策时，尽可能综合考虑各方面的因素，以免造成利益冲突或决策失误。

（七）市场导向原则

以往对湿地生态系统的保护与管理的过程表明，管理保护湿地生态系统必须服从市场规律，否则会导致湿地资源的浪费和政府决策失效，从而会导致湿地面积的减少和湿地生态功能的丧失。

市场导向原则要求把市场竞争机制引入湿地生态系统的保护与管理中，实行有偿开发，把成本与收益、稀缺资源与价格、权利与义务结合起来，避免掠夺性开发造成的湿地资源破坏。特别是通过法律行政手段对市场进行调控，使湿地资源价格与其对社会提供的生产和服务联系起来。只有这样，才能使人们认识到湿地生态系统的重要性，从而达到湿地资源可持续利用以及保护目的。

三、湿地保护管理的意义

湿地资源是最为重要的生态系统资源，良好的湿地资源保护工作可以保障湿地资源，调节气候、维护生物多样性、净化水质等维护生态环境的功能。然而，如今湿地资源正在遭受人类活动的破坏，部分生态功能正在退化甚至消失，因此保护湿地生态系统具有重要意义，表现在以下几点：

（一）利于构建优越的人居环境

伴随着我国经济快速发展和城镇化水平的提高，人民的生活质量也有所提升。当下我国人民对于人居环境的要求逐渐增强。我国作为世界上人口最多的国家，民众需要良好的人居环境支持。良好的湿地环境保护工作可以让我国各地区的生态系统得到良好的维护，在城市中居住的人们将会享受到良好的空气、纯净的水资源和健康的农业产品，民众们的居住环境得到大幅度加强，让民众的身体状态得到改善。

（二）利于构建良好的生态环境

生态环境的维护工作是当前环境保护工作中的重点工作之一。如今，环境保护工作是否优越已经成为评价一个国家综合国力的重要标准。例如，我国东北地区是湿地资源相对集中分布的省份，拥有大量的湿地，湿地保护工作可以让区域的生态环境得到维护，让生活在湿地中的动植物可以良好生存，促进区域生物多样性。此外，湿地保护也可以促进我国旅游行业的发展，促进经济的提升。

第二节　湿地保护管理对策与建议

近年来，国家高度重视湿地问题，将湿地保护管理作为建设生态文明和推进可持续发展、全面振兴社会发展的重大举措，从制度建设、管理体系、保护形式、保护机制等多方面强化湿地保护管理工作。习近平总书记"一定要保护好湿地""绿水青山是金山银山""冰天雪地也是金山银山"的理念和论断更加深入人心，成为社会各界的强烈共识，在湿地保护管理上取得了令人瞩目的成绩。但长期以来，由于多种原因，它的重要性很晚才被社会所认识，湿地的保护管理没有得到人们的充分重视，缺乏全面、系统、深入的科学研究。当前湿地保护管理面临着巨大挑战，存在大量未解决和待解决的理论和实践问题，亟待我们认真研究、解决。"山水林田湖是一个生命共同体"，湿地的保护管理，是生态文明建设的重要组成部分，是绿色发展的重要内容，是努力走向社会主义生态文明新时代的一个重要标志。

由于大气候的影响，向海国家级自然保护区面临水源减少、人为干扰破坏等因素，出现面积缩小、功能下降的状况。面对这种情况，必须采取多种有效措施，缓解湿地面临的严重问题。针对向海国家级自然保护区实际状况，应从以下几方面着手，加强对湿地的保护，缓解目前所面临的压力。

一、大力宣传湿地保护的重要性，提高全民湿地保护意识

（一）宣传湿地文化

向海国家级自然保护区以沼泽为主，是北方农耕文化的重要区域，形成了一定时期内的农垦文化，是我们重要的文化资源。湿地文化具有生态性、人文性、民族性、地域性和独特性的特征，是湿地保护管理的极其重要的内容。当前绿色生态保护已经成为全社会的共识，湿地给我们带来了无限活力和发展机遇，湿地的地位及影响力，绿色发展的理念更是深入人心。在湿地核心区必须明确保护，杜绝商业开发和人为干预。在湿地试验区发展旅游产业一定要将文化的内涵植入旅游中，有文化印象才深，分量才重。湿地的旅游不仅是游船观景，更要利用文化民俗感人、留人。对于湿地的保护不能只是商业广告的宣传，要深入、专业、灵活、多样化地进行宣传，同时要有人文精神传承，要有"我为祖国守护湿地"的自豪和精神。要重点突出湿地的资源、变化、发展、影响、作用、特点、特色，不能千篇一律，千人一面。

（二）加强湿地文化的宣传教育

湿地生态环境保护是一项长期而艰巨的任务，只有调动全社会的力量才能使其发展。保护湿地也是每个公民的义务，须采取多种形式加强普及湿地的有关知识和宣传教育工作，从而增强公众保护湿地的自觉性。要加强宣传教育，帮助社会各界树立保护生态、保护湿地的良好意识。湿地保护是社会性很强的公益事业，必须依靠全社会的共同参与和齐抓共管，然而目前，社会和团体对湿地保护的认识不够，所以，政府部门应加大对湿地保护的宣传力度，形成政府高度重视、媒体多方关注、公众团体共同参与等多形式、多渠道宣传的方式，增加全社会的湿地保护意识，促进湿地保护管理主流化。

此外，应建立公众参与的机制，通过减免税收、冠名、补贴、奖励等措施，建立激励机制，充分调动和激发社会参与湿地保护的积极性，充分利用电视、广播、报纸等新闻媒体进行广泛宣传，加深湿地与我们自身生存关系的了解和认知，并以此为契机，达成保护湿地即保护生存与发展空间的基本共识，进而转化为保护湿地的自觉行动，引导当地居民和社区组织积极自觉加入保护湿地资源行列中来，吸引社会各界广泛关注野生动植物与湿地资源保护管理工作，唤起社会公众对湿地保护事业的关心与支持，形成全社会关心和支持湿地保护事业的有利局面。同时，对于参与湿地保护管理工作并做出积极贡献的社会团体、企事业单位或者个人，各级湿地行政管理部门应给予相应的奖励或激励。对于积极参与“退耕还湖”的湿地所在地社区群众，在其难以通过其他途径获得生活来源时，湿地行政主管部门应在具体的保护管理工作中尽可能地为该群体提供就业机会。长期以来，对于大多数湿地所在地来说，利用湿地资源是当地群众生产生活的重要组成部分。通过吸引公众参与湿地保护管理工作有助于缓解湿地保护管理工作所面临的来自社会公众的压力，并拓宽湿地保护投入渠道，增加湿地保护投入。

最后，还应结合湿地保护与恢复工程，以湿地公园、自然保护区等为主要载体，开发系列丰富而形象生动的科普宣教材料和素材，结合世界湿地日、爱鸟周和保护野生动物宣传月等，开展宣传教育活动，印制宣传手册，制作宣传牌，做好《吉林省湿地保护条例》等法律法规的宣传，逐步提高公众湿地保护意识，加强湿地科普教育。

二、建立湿地保护管理协调机制，健全湿地保护法律法规体系

（一）制定和完善湿地保护法律法规

出台湿地保护管理的法规、政策和文件，依法依规保护和管理湿地资源是

遏制湿地面积减少、质量下降的重要和最有效手段。从国家层面上来说，应该尽快通过国家统一立法的形式建立专门的湿地保护法，赋予其国家法律的地位，增加湿地保护的权威性，明确湿地保护的适用范围、保护对象、资源权属等根本性问题。从地方层面上，应根据国家立法制定相应的配套法规和实施细则，保证法律法规的科学性和针对性。当前，应依据《全国湿地保护工程“十三五”实施规划》制定向海国家级自然保护区保护规划，为湿地保护发展提供目标、任务、依据。逐步完善以湿地保护区、湿地公园和湿地保护小区为主，其他保护形式共同组成的湿地保护体系网络。

湿地资源管理部门和保护部门应当加强交流和协作，共同探讨和制定湿地保护的管理办法，健全湿地保护机制。作为湿地保护的牵头和管理部门，林业局应加强与湿地保护的组织协调关系，搞好监督和指导工作，齐心协力做好向海国家级自然保护区保护和管理工作。建立向海湿地保护中心，结合湿地利用现状，尽快制定向海国家级自然保护区保护管理制度和相关条文规定，依法保护和管理湿地资源，控制湿地资源面积减少、湿地功能下降。逐步完善向海国家级自然保护区保护与合理开发利用湿地的法律、法规和章程，依法对湿地进行管理和保护，实现湿地资源的法制化和健康化管理。运用法律和行政手段确定捕捞期，防止掠夺现象的发生，严禁任何形式的捕杀野生动物、拣拾鸟卵、捕捉雏鸟等破坏野生动物资源、干扰其繁殖栖息的违法行为。综合运用法律、行政及经济调控手段严格要求工业废水和生活污水的排放标准，加强对湿地土地资源利用的管理，严禁在湿地及湿地周边非法开垦耕地和非法建设，对于违规、违法的企业及单位，情节严重的予以相应的法律制裁，不构成违法的，予以必要的行政处罚。提高全民尤其是湿地周边居民的环境意识，加强环境教育和宣传，动员全社会来保护湿地资源。

（二）建立湿地生态效益补偿制度

湿地的生态效益是由物质生产功能、休闲旅游功能、气候调节功能、降解污染物功能、固氮释氧功能、调蓄洪水功能、生物栖息地功能、科研文化功能、水源涵养功能等构成。针对不同的功能需要对其生态价值进行核算，为生态补偿标准提供科学的指标依据。在生态补偿标准的制定过程中要积极地开展相关主体对话和协商，充分考虑相关利益主体的利益，保证湿地生态补偿标准的科学性和系统性。根据“污染者付费、利用者补偿、开发者保护、破坏者恢复”的原则，对涉及湿地资源开发和利用的单位及部门规定，按规定缴纳废物处理费、排污费、非法利用资源的罚款和环境污染罚款等费用，对于湿地的超负荷开发采取严厉的惩治措施，追究当事人责任。建立有效促进湿地资源保护的生态补偿机制及制度，选择具有代表性的地域和不同生态系统类型，开展可持续的生态补偿政策示范。湿地生态补偿机制的建立对推动湿地保护工作，将湿地生态效益补偿制度化、常态化，使湿地保护管理走上可持续发展道路。

（三）强化依法管理意识

严格执行《环境保护法》《野生动物保护法》《自然保护区条例》等湿地保护各项法律法规，依法规范协调湿地保护与利用关系，明确有关部门湿地保护区职责，使湿地保护、管理和利用有法可依。强化执法集中管理，明确行政许可项目，规范执法程序；准确行使处罚权限，逐步规范行政处罚行为，严禁执法犯法；加强执法行为监督，严肃执法纪律，摆正执法者与执法相对人的正当关系；理顺执法体系，建立长效机制，既要防止出现执法管控“空白地带”，又要防止出现“多头执法”现象。健全湿地用途管制制度、湿地保护考核制度和湿地破坏责任追究制度。严格执法，依法打击侵占湿地、破坏湿地野生动植物和湿地环境违法活动，确保通榆县湿地面积不减少。

三、加强湿地的保护与管理，完善湿地管理体制

（一）牢固树立保护优先的理念

习近平总书记提出“既要绿水青山，也要金山银山。绿水青山就是金山银山”。从深层次上揭示了经济发展和环境保护的辩证关系，在实践中应牢固树立保护优先的发展理念，以保护为前提，在保护中发展，在发展中保护。对于保护，要坚持以自然修复为主，但也不能忽略人工的养护。从某种程度上来说，人工促进非常必要，也是必需的，包括补水、疏通水道、喂食、清理水面环境、林木抚育、基础工程设施等都离不开人工的努力。充分发挥湿地的多种功能，实现湿地资源的可持续利用，尤其应总结探索保护湿地实体资源、利用湿地景观等非实体资源、发展生态经济的保护利用模式。

（二）划定湿地保护红线

依据向海国家级自然保护区资源空间分布情况、生态区位重要性、生态功能脆弱性等，按照全面保护与突出重点相结合的原则，将区域内各类湿地划分为不同保护等级，根据不同的保护等级，严格控制湿地占用，实行差别化管控，落实湿地占补平衡制度。加强向海国家级自然保护区的统筹保护，划定湿地保护红线，对红线范围内湿地实施严格保护，湿地保护绝不允许越雷池一步，全

面实施向海湿地生态大保护，保障向海国家级自然保护区资源的永续利用。

（三）进一步完善湿地管理体制

各地政府部门应当认识到建立健全保护管理机构和保护管理体系的重要性。在具体的建立过程中要从完善功能和发挥作用方面入手，去建立契合实际需求的湿地保护管理机构，充分加强湿地保护管理工作。在湿地保护工程建设中按照全面质量管理的要求，建立起一整套高效的管理制度。积极推行项目法人责任制，重点项目实行招投标制，并实施合同管理，严格资金使用审批，保证工程顺利实施。

建立并逐步完善动员、引导、支持公众参与湿地保护的有效机制，包括重要事项向公众公示制度、群众举报投诉制度、信访制度、听证制度、新闻舆论监督制度和社区参与制度等。建立相关利益方共同参与的湿地伙伴关系，调动社会各方力量，以多种方式参与湿地生态保护建设工作。要遵循“科学规划、统筹兼顾、突出保护、综合治理、合理利用”的原则，实行科学保护，认真做好野生动植物保护、生态环境修复、增殖投放、禁渔期管理、禁止非法捕捞、生态环境监测、野生动物疫源疫病防控等工作，加大投入和管理工作力度，确保生态环境改善。向海国家级自然保护区生物资源比较丰富，为了对生物多样性加以保护，要着重恢复并重建水体、湿地等自然斑块，作为加强生物多样性的稳定保障；严格保护湿地内仅存的植物群落和特有的珍稀物种，特别要加强对物种资源、生物资源的保护；严禁捕杀、贩卖野生动物，保护鸟类等动物的生活环境。向海国家级自然保护区管理局出台了“禁牧、休牧、围封”等一系列措施，以保护生态环境，相应地减轻了湿地的部分压力，但也应看到管理工作还有一定的难度。在保护区内的牲畜中，近60%为山羊，山羊对草原、湿地极具破坏力，政府应制定政策改善畜群结构，提高牲畜质量，减少山羊数量，并由粗放经营向科学、合理饲养过渡。

要建立隶属于林业局的专业性强、职能全面的保护管理机构。强化湿地保护管理制度建设，明确责任主体，着重加大制度执行和责任落实力度，兼顾湿地保护与利用。要加强现有自然保护区和湿地管理人员的岗位培训工作，切实提高现有职工的专业水平和工作能力；同时，聘用一批野生动植物保护方面的专门人才，充实向海国家级自然保护区野生动植物和湿地管理队伍，切实提高湿地保护和管理水平。在具体的湿地保护队伍建设工作中，湿地保护管理机构应当结合实际情况去建立一套完善的培训体系，对湿地保护管理人员进行全方位培训，让工作人员拥有完善的湿地保护技术和工作素质。此外，湿地保护管理机构也应当实行有效的激励政策进行激励工作，让所有的湿地保护工作人员拥有强烈的工作积极性和工作创新能力，使湿地保护工作的质量得到加强。依据国家湿地保护管理有关部门应联合制定全国的湿地保护管理评价标准和办法，建立考核和奖惩制，监督检查湿地保护管理情况并进行管理绩效评估；各省也应制定相应的评价标准和办法，对本行政区的湿地保护与管理工作进行监督；各湿地自然保护区或湿地公园也可以建立自我评价系统，对本区内的湿地保护管理工作进行及时的监督与监测，并将相关结果快速应用到本区保护管理实践中。

四、开展退化湿地的恢复与重建工程

（一）退化湿地的恢复与重建

鉴于向海国家级自然保护区资源的现状及存在的问题，应采取多方面有效措施，加强湿地资源的综合保护；重点开展集中连片、破碎化严重、功能退化的自然湿地的修复和综合整治，尽可能地恢复已退化的湿地，降低人为因素对湿地的负面影响。对遭受破坏或功能退化的湿地资源，通过开展湿地水环境、植被、鸟类、退化土壤、湿地生境修复等方面的研究，实现湿地生态系统修复和综合治理，恢复并提升湿地生态系统的整体功能；在受损湿地生态系统进行自然恢复的同时，通过生态技术或生态工程对功能退化或消失的湿地进行修复或重建，通过相关的物理、化学和生物学修复手段，使其重现湿地的防护作用。建立不同类型的典型湿地恢复与重建示范基地，加大推广和宣传力度，有效增加湿地面积。制定生态恢复方案，对牧区、道路、管网实施逐步生态恢复。加强水利工程建设，提升湿地蓄水能力。对功能退化的河流、湖泊和沼泽湿地，可通过动植物栖息地恢复、生态补水、污染防治等手段进行综合治理，恢复和提升湿地生态系统的整体功能。在重点生态功能区、饮用水源地和鸟类迁徙通道上的重要湿地规划和实施湿地恢复工程中，开展“退耕还湿”，扩大湿地面积，修复和提升湿地生态功能。选择不同类型的典型湿地进行恢复与重建示范，充分利用规划和建设平台，在保护区开展湿地恢复和重建示范，扩大保护区湿地面积。

（二）加大科技投入力度

要进一步加大对向海湿地生态系统保护和利用的科技投入，支持相应的湿地恢复修复和生态系统管理技术体系的科技研发工作，进一步挖掘后备湿地资源，通过建立自然保护区、保护小区等保护地加强对湿地资源的管理。利用点面结合、遥感、地面野外核查等手段，对湿地的类型、面积、分布状况等做出科学统计，对影响湿地的主要环境因子、湿地保护与开发利用情况、湿地周边社会经济状况等进行系统分析，为保护和合理利用湿地资源，建立切实有效的湿地生态保护机制提供必要的决策依据和有力的技术支撑。加快推进湿地科学技术前沿性研究，争取在湿地生态循环经济模式、节水灌溉模式等方面取得重大的实用技术成果，支撑和引领湿地的可持续发展。加快湿地应用技术研究，促进科技创新成果在湿地保护和利用中的应用。包括湿地保护技术、湿地修复技术、湿地的污染防治以及湿地的监测等方面提供技术支撑。积极开展湿地科学研究，增加湿地保护和合理利用的科技含量，要在湿地资源调查的基础上，建立科学的监测和评价指标体系，制定科学的保护管理措施和行动计划，对关键复杂的技术问题，要通过组织科研人员进行攻关。同时，要积极开展国内外合作与交流，积极引进、借鉴和消化吸收国内外先进的科学技术和方法，提高湿地保护管理和合理利用水平。

为提高我国湿地保护工作的科学性，应推动国家湿地科学技术委员会的设立。该机构的成立将为国务院湿地主管部门开展相关湿地保护管理工作提供科学的决策咨询，主要任务包括：为国际重要湿地、国家重要湿地、国家退化湿地、国家级湿地自然保护区、国家湿地公园的认定、评审、调整等工作制定相关标准和技术规程；制定湿地生态影响评估标准、规程和报告编写指南，评价和论证湿地生态影响评估报告；开展退化湿地的认定、监测和评估工作；制定湿地恢复与重建技术标准并组织评审其技术方案；制定湿地生态恢复补偿费标准。省、自治区、直辖市政府应根据本地具体情况设置地方湿地科学技术委员会。通过建立和不断完善湿地认定、评审及保护管理监督机制，使我国的湿地保护管理工作逐步走上科学化和系统化的发展道路。

五、建立完善的湿地资源监测体系

开展对湿地资源的普查工作，在此基础上加强对其的监督管理，对湿地资源的可持续利用应有一个科学的规划体系。县级以上林业主管部门要加强湿地资源监测体系建设，建立动态管理平台，组织协调有关部门、科研机构根据具体情况经常性地开展湿地科学考察和专项调查，定期开展生态、资源、环境等各项监测活动，实时掌握资源动态变化，定期向社会公布，为政府决策提供依据。建立湿地保护专家库，整合科研力量，加强湿地保护研究和监测，大力开发新技术试验示范，推广湿地保护恢复的关键技术，为大规模开展重大生态修复工程提供科技支撑，提高湿地保护管理科学水平。

湿地监测体系由监测中心、监测站和监测点构成，主要负责湿地监测技术规程和监测指标的建设，定期收集、处理、汇总和分析各监测站点的监测信息。

湿地监测不但要进行湿地面积的动态监测，还要对湿地的水质、动植物、生态状况和功能进行动态监测，为湿地科学保护管理提供实时的数据信息支持，为湿地保护管理决策提供依据，促进湿地资源的可持续利用。利用RS、GIS、GPS和无人飞机航拍等先进技术和科技手段对湿地面积、湿地的水质、湿地的动植物、湿地的生态状况、湿地保护状况、湿地资源生物多样性、河流水质、病虫害、潜在污染源等方面变化量进行动态监测，并结合湿地资源清查数据，建立向海湿地资源监测数据库，研究湿地的动态演变规律、自然与人为因素叠加的综合影响机制、湿地的生态系统特征、生物多样性保护、湿地生态用水等重要问题，建立湿地保护数据库和湿地监测网络，全面监测湿地生态系统状况，实现监测湿地资源数据标准化、规范化、精确化，使有关管理部门、高等院校和科研机构进行信息交流和资源共享，为湿地资源保护和发展提供有效数据，为政府制定保护和发展湿地资源政策提供技术支撑。严禁乱批乱占湿地资源，合理开发和利用湿地资源，促进湿地资源的可持续利用。

对水资源应避免过度开发利用，合理配置水资源，在利用的同时要加强对湿地水体污染的监控。生物资源利用以不损害被利用动植物群体本身的生产力、生物量、生活力和生存环境为前提，利用的强度和规模以保证湿地生态系统各个组分的协调和整个生态系统的完整性为依据，加强引种管理，对外来种要严格检疫，建立外来入侵种早期预警体系，尽可能降低外来种入侵危害风险，维护湿地生态系统安全与健康。

六、加大湿地保护投入，多渠道筹措经费

建立湿地自然保护区，完善湿地生态补偿机制，落实相关政策，加快湿地保护的健康发展。湿地的生态服务功能属于公共物品，这决定了湿地保护工作具有公共福利事业性质，需由政府承担主要投入。因此，国家应将湿地保护投入列入各级政府财政核算体系。中央政府应当制定湿地保护发展规划并将其纳入国民经济和社会发展规划，以保障和支持湿地工作的开展。县级以上人民政府应当按照全国湿地保护发展规划制定本行政区内的湿地保护发展规划，并将湿地自然保护区的建设与管理经费纳入本级财政预算。湿地保护行政主管部门履行职责所需的经费应当列入财政预算，由本级人民政府予以保证。在具体的保护管理工作中，中央政府和地方各级政府应各负其责，承担各自应投入的保护资金；并且要充分调动社会公众力量，拓宽湿地保护投入渠道。鼓励节约开发利用湿地资源，对湿地保护工程建设在投资、信贷、立项、技术等方面给予政策优惠和支持。通过政府引导、社会参与等方式，建立多渠道、多元化、多层次的湿地保护投入机制。

同时，广开募资渠道，争取社会各方面的投资、捐赠和国际合作资金，加大资金投入。完善基础设施建设，配备监测、巡护、湿地野生动物救护等设备，使湿地保护管理工作能够长期稳定地正常运转。增加湿地保护的投入，制定推动其发展的优惠政策，坚持国家、地方、集体和个人一起行动，多层次、多渠道、多方位筹措湿地保护和建设资金，逐步建立起合理的投资机制。国家要按照市场经济规律，把湿地生态效益推向市场，建立和完善相应的资源补偿机制和经济政策体系，使建设者受益，得利者负担，破坏者受罚。积极争取国家湿地项目资金支持，建立湿地生态效益补偿机制。通过建立地方政府主导，争取国家投资、捐赠、基金等多渠道、多元化、多层次的湿地保护资金投入机制，整合现有湿地保护资金投入方式和渠道。例如，湿地保护管理可以接受个人、企事业单位、社会团体、财团和非政府组织等的捐款，争取多边机构和国际开发机构的投资，以及开展湿地自然保护区之间或湿地自然保护区与湿地公园之间的互助。我国属于发展中国家，必须建立一个合理的湿地生态效益补偿制度，用于湿地保护和湿地退化的恢复和重建活动。应以当前建立湿地生态补偿机制所开展的相关理论研究工作为基础，进一步完善湿地生态补偿机制理论框架和指标体系，推动该补偿机制在我国典型湿地所在地区的试点工作，并以进一步完善。

本章小结

依据生态学理论、生态哲学、系统论原理、公平正义理论、经济学原理等理论，在以生物多样性保护为核心的原则、可持续性原则、科学性原则、系统整体性原则、无净减少原则、综合性原则和市场导向原则的指导下，提出湿地保护管理对策与建议，既大力宣传湿地保护的重要性，提高全民湿地保护意识；建立湿地保护管理协调机制，健全湿地保护法律法规体系；加强湿地的保护与管理，完善湿地管理体制；开展退化湿地的恢复与重建工程；建立完善的湿地资源监测体系；加大湿地保护投入，多渠道筹措经费。

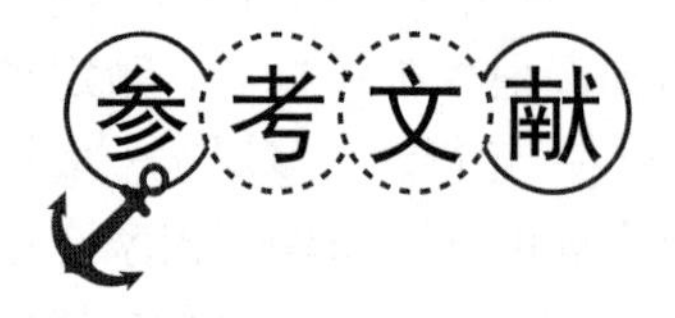

[1] Ahmad F, Simon J, David M, et al. Mapping informal settlement indicators using object-oriented analysis in the Middle East [J]. International Journal of Digital Earth, 2018: 1-23.

[2] Alfredo B D, Diego A B, Francisco L T, et al. Spatial distribution of tropical wetlands in Central Brazil as influenced by geological and geomorphological settings [J]. Journal of South American Earth Sciences, 2013 (46): 161-169.

[3] An S Q, Li H B, Guan B H, et al. China's natural wetlands: Past problems, current status, and future challenges [J]. Ambio, 2007, 36 (4): 335-341.

[4] Bai J H, Lu Q Q, Wang J J. Landscape pattern evolution processes of alpine wetlands and their driving factors in the Zoige Plateau of China [J]. Journal of Mountain Science, 2013, 10 (1): 54-67.

[5] Bertness M D, Ewanchunk P J, Silliman B R. Anthropogenic modification of New England Salt Marsh Landscapes [J]. Proceedings of the National Academy of Sciences, USA, 2002 (99): 1395-1398.

[6] Broomes W, Senca E D, Woodhouse J R W W. Tidal restoration [J]. Aquatic Botany, 1988, 32 (1/2): 1-22.

[7] Burkett J K. Climate change: Potential impacts and interactions in wetlands of the United States [J]. Journal of the American Water Resources Association, 2000, 36 (2): 313-320.

[8] Cowan J H , Turner R E. Modeling wetland loss in coastal Louisiana: Geology, geography, and human modifications [J]. Environmental Management, 1988, 12 (6): 827-838.

[9] Cui L J, Gao C J, Zhou D M, et al. Quantitative analysis of the driving forces causing declines in marsh wetland landscapes in the Honghe region, northeast China, from 1975 to 2006 [J]. Environmental Earth Sciences, 2014, 71 (3): 1357-1367.

[10] Dong Z , Wang Z , Liu D , et al. Mapping wetland areas using Landsat-derived NDVI and LSWI: A case study of West Songnen Plain, Northeast China [J].

Journal of the Indian Society of Remote Sensing, 2014, 42 (3): 569-576.

[11] Ford M A, Cahoon D R, Lyncih J C. Restoring marsh elevation in a rapidly subsiding salt marsh by thin-layer deposition of dredged material [J]. Ecological Engineering, 1999, 12 (3/4): 189-205.

[12] Fujihara M, kikuchi T. Changes in the landscape structure of the Nagara River Basin, Central Japan [J]. Landscape and Urban Planning, 2005, 70 (3/4): 271-281.

[13] Gedan K B, Silliman B R, Bertnss M D. Centuries of human-driven change in salt marsh ecosystems [J]. Annual Review of Marine Science, 2009 (1): 117-141.

[14] Getachew M, Ambelu A, Tlku S, et al. Ecological assessment of Cheffa Wetland in the Borkena Valley, Northeast Ethiopia: Macroinvertebrate and bird communities [J]. Ecological Indicators, 2012, 15 (1): 63-71.

[15] Gobattoni F, Lauro G, Monaco R, Pelorosso R. Mathematical models in landscape ecology: Stability analysis and numerical tests [J]. Acta Applicandae Mathematicae, 2013, 125 (1): 173-192.

[16] Gong Z N, Li H, Zhao W J, Gong H L. Driving forces analysis of reservoir wetland evolution in Beijing during 1984 - 2010 [J]. Journal of Geographical Sciences, 2013, 23 (4): 753-768.

[17] Harvey E T, Kratzer S, Philipson P. Satellite-based water quality monitoring for improved spatial and temporal retrieval of chlorophyll-a in coastal waters [J]. Remote Sensing of Environment, 2015, 158 (1): 417-430.

[18] He H S, Dezonia B, Mladenoff D J. An aggregation index to quantify spatify patterns of landscape [J]. Landscape Ecology, 2000 (15): 591-601.

[19] Hill A R. Ecosystem stability: Some recent perspectives [J]. Progress in Physical Geography, 1987, 11 (3): 315-333.

[20] Hu Y, Wang J F, Ren D, Zhu J. Geographical-detector-based risk assessment of the under-five mortality in the 2008 Wenchuan Earthquake, China [J]. PLoS ONE, 2011, 6 (6): e21427.

[21] Khan N S, Vane C H, Horton B P, et al. The application of δ13C, TOC and C/N geochemistry to reconstruct Holocene relative sea levels and paleoenvironments in the Thames Estuary, UK [J]. Journal of Quaternary Science, 2015, 30 (5): 417-433.

[22] Kissoon L T, Jacob D L , Hanson M A, et al. Multi-elements in waters

and sediments of shallow lakes: Relationships with water, sediment, and watershed characteristics [J]. Wetlands, 2015, 35 (3): 443-457.

[23] Lambin E F, Turner B L, Geist H J, et al. The causes of land-use and land-cover Change: Moving beyond the myths [J]. Glob Environ, 2001 (11): 261-269.

[24] Larsen L G, Harvey J W. Modeling of hydroecological feedbacks predicts distinct classes of landscape pattern, process, and restoration potential in shallow aquatic ecosystems [J]. Geomorphology, 2011, 126 (3/4): 279-296.

[25] Lehndorff E, Roth P J, Cao Z H, et al. Black carbon accrual during 2000 years of paddy-rice and non-paddy cropping in the Yangtze River Delta, China [J]. Global Change Biology, 2014, 20 (6): 1968-1978.

[26] Li Z , Xu J , Shilpakar R L , et al. Mapping wetland cover in the greater Himalayan region: A hybrid method combining multispectral and ecological characteristics [J]. Environmental Earth Sciences, 2014, 71 (3): 1083-1094.

[27] Lunetta R S, Balogh M E. Application of multi-temporal Landsat 5 TM imagery for wetland identification [J]. Photo-grammetric Engineering & Remote Sensing, 1999, 65 (11): 1303-1310.

[28] LV X G, Jiang M. Progress and prospect of wetland research in China [J]. Journal of Geographical Sciences, 2004, 14 (1): 45-51.

[29] Magurran A E. Ecological diversity and its measurements new jersey [M]. Princeton: Princeton University Press, 1988.

[30] Messarosr C, Woolll Y, Morgan M J, et al. The function of ecosystems [M]. Croatia: In Tech, 2012.

[31] Migalak, Wojtun B, Szymanski W, et al. Soil moisture and temperature variation under different types of tundra vegetation during the growing season: A case study from the Fuglebekken catchment [J]. Catena, 2014 (116): 10-18.

[32] Mitsch W J, Gosselink J G. Wetlands (4th ed) [M]. New York: Wiley, 2007: 107-259.

[33] Mitsch W J, Wu X. Wetland and global change [A] //Lal R, Johnk E, Levine B A. Soil Management and Green House Effect [M]. Boca Raton: CRC Press Inc., 1994: 205-230.

[34] Nelson S A C, Soranno P A, Jiaguo Q I. Land-Cover Change in Upper Barataria Basin Estuary, Louisiana, 1972-1992: Increases in Wetland Area [J]. Environmental Management, 2002, 29 (5): 716-727.

［35］ Oberholster P J, Mcmillan P, Durgapersadk, et al. The development of a wetland classification and risk assessment index （WCRAI） for non-wetland specialists for the management of natural freshwater wetland ecosystems ［J］. Water, Air, & Soil Pollution, 2014, 225 （2）: 1-15.

［36］ Reddyk R, kadlec R H, Flaig E, et al. Phosphorus retention in streams and wetlands: A review ［J］. Critical Reviews in Environmental Science and Technology, 1999, 29 （1）: 83-146.

［37］ Roman C T, Niering W A, Wareen R S. Salt marsh vegetation change in response to tidal restriction ［J］. Environmental Management, 1984 , 8 （2）: 141-149.

［38］ Serra P, Pons X, Sauri D. Land-cover and land-use change in a mediterranean landscape: A spatial analysis of driving forces integrating biophysical and human factors ［J］. Applied Geography, 2008, 28 （3）: 189-209.

［39］ Sril Y, Ghorbanli M. The halophilous vegetation of the Orumieh lake salt marshes, NW. Iran ［J］. Plant Ecology, 1997 （132）: 155-170.

［40］ Vorpahl P, Moeickes S, Richter O. Modeling of spatio - temporal population dynamics of earth under wetland conditions-an integrated approach ［J］. Ecological Modeling, 2009, 220 （24）: 3647-3657.

［41］ Wang J F, Li X H, Christakos G, et al. Geographical detectors-based health risk assessment and its application in the neural tube defects study of the Heshun Region, China ［J］. International Journal of Geographical Information Science, 2010, 24 （1）: 107-127.

［42］ Wang Q B, Li Y C, Zhang M. Soil recovery across a chronosequence of restored wetlands in the Florida Everglades ［J］. Scientific Reports, 2015 （5）: 17630.

［43］ Wen Q K, Zhang Z X, Xu J Y, et al. Spatial and temporal change of wetland in Bohai rim during 2000-2008: An analysis based on satellite images ［J］. Journal of Remote Sensing, 2011, 15 （1）: 183-200.

［44］ William J M, James G G. Wetlands （4th ed） ［M］. New Jersy: John Wiley & Sons, Incorporated Hoboken, 2001.

［45］ Wood R, Handley J. Landscape dynamics and the management of change ［J］. Landscape Research, 2001 （26）: 45-54.

［46］ Woodrey M S, Rush S A, Cherry J A, et al. Understanding the potential impacts of global climate change on marsh birds in the gulf of mexico region ［J］. Wetlands, 2012, 32 （1）: 35-49.

［47］ Xie D, Zhou H J, Ji H T, An S Q. Ecological restoration of degraded wetlands in China [J]. Journal of Resources & Ecology, 2013, 4 (1): 63-69.

[48] Zedler J B. Handbook for restoring tidal wetlands [M]. Boca Raton, Fla.: CRC Press, 2000.

[49] Zedler J B. Progress in wetland restoration ecology [J]. Tree, 2000 (15): 402-407.

[50] Zhang R Q, Zhai H Q, Tang C J. Spatio-temporal location simulation of wetland evolution of Yingchuan city based on Markov-CA model [J]. WSEAS Transactions on Information Science and Applications, 2009, 6 (7): 1145-1154.

[51] Zhou D, Gong H L, Wang Y Y, et al. Study of driving forces of wetland degradation in the Honghe National Nature Reserve in the Sanjiang Floodplain [J]. Environmental Modeling & Assessment, 2009 (14): 101-111.

[52] 艾翔，翁汉林. 井冈山市湿地资源状况及保护管理探讨 [J]. 林业科技情报，2018，50 (2)：83-84，87.

[53] 安树青. 湿地生态工程——湿地资源利用与保护的优化模式 [M]. 北京：化学工业出版社，2003.

[54] 白军红，欧阳华，杨志锋等. 湿地景观格局变化研究进展 [J]. 地理科学进展，2005，24 (4)：36-45.

[55] 白军红，邓伟，王庆改等. 内陆盐沼湿地土壤碳氮磷剖面分布的季节动态特征 [J]. 湖泊科学，2007 (5)：599-603.

[56] 毕俊亮. 1992~2012 年长江流域森林景观格局变化及驱动因素分析 [D]. 武汉：华中农业大学，2014.

[57] 卞建民，林年丰，汤洁. 吉林西部向海湿地环境退化及驱动机制研究 [J]. 吉林大学学报（地球科学版），2004，34 (3)：441-458.

[58] 陈鹏，鲁延芳. 内陆盐沼湿地植物多样性研究——以张掖市新墩镇流泉村为例 [J]. 中国园艺文摘，2013，29 (9)：65-67.

[59] 陈宜瑜，吕宪国. 湿地功能与湿地科学的研究方向 [J]. 湿地科学，2003，1 (1)：7-11.

[60] 陈章，龚大洁，瞿丹等. 连城国家级自然保护区夏季鸟类多样性调查及分析 [J]. 干旱区资源与环境，2017，31 (5)：168-172.

[61] 初小静，韩广轩. 气温和降雨量对中国湿地生态系统 CO_2 交换的影响 [J]. 应用生态学报，2015，26 (10)：2978-2990.

[62] 崔丽娟，张明祥. 湿地评价研究概述 [J]. 世界林业研究，2002，15 (6)：46-53.

[63] 崔凤午，赵福山. 向海志 [M]. 长春：吉林文史出版社，2016.

[64] 党丽霞. 我国湿地恢复的研究进展 [J]. 现代农业，2013 (11)：77-78.

[65] 邓书斌. ENVI 遥感图像处理方法 [M]. 北京：科学出版社，2010.

[66] 邓伟，白军红. 典型湿地系统格局演变与水生态过程 [M]. 北京：科学出版社，2012.

[67] 杜凤国，王戈戎，于洪波. 向海自然保护区现状及可持续发展对策 [J]. 北华大学学报（自然科学版），2003，4 (6)：523-527.

[68] 范强，杜婷，杨俊等. 1982～2012 年南四湖湿地景观格局演变分析 [J]. 资源科学，2014，36 (4)：865-873.

[69] 冯迪江. 白塔湖湿地生态修复探讨 [J]. 浙江水利水电专科学校学报，2013，25 (3)：50-52.

[70] 冯耀宗. 人工生态系统稳定性概念及其指标 [J]. 生态学杂志，2002，21 (5)：58-60.

[71] 傅伯杰，赵文武，陈利顶. 地理——生态过程研究的进展与展望 [J]. 地理学报，2006，61 (11)：1123-1131.

[72] 宫兆宁，张翼然，宫辉力等. 北京湿地景观格局演变特征与驱动机制分析 [J]. 地理学报，2011，66 (1)：77-88.

[73] 龚俊杰，杨华，邓华锋等. 北京明长城森林景观空间结构的分形特征及稳定性 [J]. 北京林业大学学报，2014，36 (6)：54-59.

[74] 何池全，赵魁义. 三江平原毛果苔草湿地物理过程——能量环境的基本特征 [J]. 环境科学研究，2001，14 (5)：57-60.

[75] 何春光，盛连喜，郎惠卿等. 向海湿地丹顶鹤迁徙动态及其栖息地保护研究 [J]. 应用生态学报，2004，15 (9)：1523-1526.

[76] 侯鹏，申文明，王桥等. 李京基于水文平衡的湿地退化驱动因子定量研究 [J]. 生态学报，2014，34 (3)：660-666.

[77] 侯瑞萍. 近 20 年来宁夏盐池县湿地动态与植被特征研究 [D]. 北京：北京林业大学博士学位论文，2015.

[78] 黄海萍，陈彬，俞炜炜等. 厦门五缘湾滨海湿地生态恢复成效评估 [J]. 应用海洋学学报，2015，34 (4)：501-507.

[79] 郎惠卿. 中国湿地植被 [M]. 北京：科学出版社，1999：25-33.

[80] 郎振华，胥铭兴，高文宏. 吉林向海湿地水环境现状与保护对策 [J]. 人民长江，2011，42 (5)：34-38.

[81] 李春晖，沈楠. 城市湿地保护与修复研究进展 [J]. 地理科学进展，2009，28 (2)：271-279.

[82] 李春晖，郑小康，牛少凤等. 城市湿地保护与修复研究进展 [J]. 地

理科学进展，2009，28（2）：271-279.

［83］李洪远，孟伟庆. 滨海湿地环境演变与生态恢复［M］. 北京：化学工业出版社，2012：48-59.

［84］李建春. 银川市耕地变化与基本农田空间布局优化研究［D］. 北京：中国农业大学博士学位论文，2014.

［85］李敏，利世锋，李连山等. 向海湿地景观类型与鸟类多样性季节变化的关系［J］. 野生动物，2012，33（3）：134-138.

［86］李融，张庆忠，姜炎彬等. 不同干扰下兴凯湖湿地植物群落的物种多样性研究［J］. 湿地科学，2011，9（2）：179-183.

［87］李瑞，张克斌，边振等. 半干旱地区湿地生态系统植物 α 及 β 多样性分析［J］. 干旱区资源与环境，2009，23（9）：139-145.

［88］李山羊，郭华明，黄诗峰等. 1973~2014 年河套平原湿地变化研究［J］. 资源科学，2016，38（1）：19-29.

［89］李书娟，增辉，夏洁等. 景观空间动态空间动态模型研究现状和应重点解决的问题［J］. 应用生态学报，2004，15（4）：701-706.

［90］李伟，崔丽娟，赵欣胜等. 北京翠湖湿地生境恢复及效果评估［J］. 湿地科学与管理，2013，9（3）：17-21.

［91］李荫玺，胡耀辉，王云华等. 云南星云湖大街河口湖滨湿地修复及净化效果［J］. 湖泊科学，2007，19（3）：283-288.

［92］李英臣，宋长春. 氮磷输入对湿地生态系统碳蓄积的影响［J］. 土壤通报，2012，43（1）：225-229.

［93］李鱼，张华鹏，刘亮等. 沙化对向海湿地功能的影响［J］. 水土保持通报，2005，25（2）：83-86.

［94］梁丽娥，李畅游，史小红等. 2006~2015 年内蒙古呼伦湖富营养化趋势及分析［J］. 湖泊科学，2016，28（6）：1265-1273.

［95］林国俊，黄忠良，欧阳学君. 鼎山湖森林群落 β 多样性［J］. 生态学报，2010，30（18）：4875-4880.

［96］林万涛. 生态系统在全球变化中的调节作用［J］. 气候与环境研究，2005，10（2）：275-280.

［97］林小梅. 论我国湿地综合生态系统管理法律制度的完善［D］. 福州：福州大学硕士学位论文，2015.

［98］凌铿. 城市发展与湿地保护［J］. 城乡建设，2004（5）：48-49.

［99］刘阁，李云梅，吕恒等. 基于 MERIS 影像的洪泽湖叶绿素 a 浓度时空变化规律分析［J］. 环境科学，2017，38（9）：3645-3656.

［100］刘红玉，吕宪国，张世奎．湿地景观变化过程与累积环境效应研究进展［J］．地理科学进展，2003，22（1）：60-70．

［101］刘吉平，马海超，赵丹丹．三江平原孤立湿地景观空间结构［J］．生态学报，2016，36（14）：4307-4316．

［102］刘吉平，赵丹丹，田学智等．1954~2010年三江平原土地利用景观格局动态变化及驱动力［J］．生态学报，2014，34（12）：3234-3244．

［103］刘吉平，董春月，盛连喜等．1955~2010年小三江平原沼泽湿地景观格局变化及其对人为干扰的响应［J］．地理科学，2016，36（6）：879-887．

［104］刘吉平，杜保佳，盛连喜等．三江平原沼泽湿地格局变化及影响因素分析［J］．水科学进展，2017，28（1）：22-31．

［105］刘吉平，马长迪，刘雁等．基于地理探测器的沼泽湿地变化驱动因子定量分析——以小三江平原为例［J］．东北师大学报（自然科学版），2017，49（2）：127-135．

［106］刘吉平，马长迪．1985~2015年向海沼泽湿地斑块稳定性的空间变化［J］．生态学报，2017，37（4）：1261-1269．

［107］刘剋，黄家柱，张强．太湖水体藻类叶绿素浓度高光谱遥感监测研究［J］．南京师范大学学报，2005，28（3）：97-101．

［108］刘力维，张银龙，汪辉等．1983~2013年江苏盐城滨海湿地景观格局变化特征［J］．海洋环境科学，2015，34（1）：93-100．

［109］刘青，葛刚．鄱阳湖湿地生态修复理论与实践［M］．北京：科学出版社，2012．

［110］刘堂友，匡定波，尹球．湖泊藻类叶绿素a和悬浮物浓度的高光谱定量遥感模型研究［J］．红外与毫米波学报，2004，23（1）：11-15．

［111］刘晓辉，刘惠清．向海湿地景观格局变化及其原因分析［J］．湿地科学，2005，3（3）：216-221．

［112］刘延国，王青，王军．九寨沟自然保护区景观格局及其斑块稳定性［J］．东北林业大学学报，2012，40（4）：31-33．

［113］刘雁，刘吉平，盛连喜．松嫩平原半干旱区湿地变化与局地气候关系［J］．中国科学技术大学学报，2015，45（8）：655-664．

［114］娄彦景，赵魁义，胡金明．三江平原湿地典型植物群落物种多样性研究［J］．生态学杂志，2006，25（4）：364-368．

［115］罗格平，周成虎，陈曦．干旱区绿洲景观斑块稳定性研究：以三江河流域为例［J］．科学通报，2006，51（S1）：73-80．

［116］罗金明，尹雄锐，叶雅杰等．大中型土壤动物对内陆盐沼沿退化序

列环境的指示研究 [J]. 草业学报，2014，23 (2)：287-295.

[117] 吕宪国，刘红玉. 湿地生态系统保护与管理 [M]. 北京：化学工业出版社，2004.

[118] 吕宪国，王起超，刘吉平. 湿地生态环境影响评价初步探讨 [J]. 生态学杂志，2004，23 (1)：83-85.

[119] 马玉，吕光辉，何学敏等. 盐梯度下艾比湖湿地植物多样性响应及土壤因子驱动研究 [J]. 广东农业科学，2015，11 (2)：141-147.

[120] 孟庆庭，李修岭. 当前湿地管理现状与优化对策分析 [J]. 农家参谋，2018 (21)：197.

[121] 苗萍，谢文霞，于德爽等. 胶州湾互花米草湿地氮、磷元素的垂直分布及季节变化 [J]. 应用生态学报，2017，28 (5)：1533-1540.

[122] 彭浩，张兴昌，邵明安. 黄土区土壤钾素径流流失规律研究 [J]. 水土保持学报，2002 (1)：47-49.

[123] 彭少麟，任海，张倩媚. 退化湿地生态系统在全球变化中的调节变化中的调节作用 [J]. 气候与环境研究，2005，10 (2)：275-280.

[124] 秦罗义，白晓永，王世杰等. 近40年来贵州普定典型喀斯特高原景观格局变化 [J]. 生态学杂志，2014，33 (12)：3349-3357.

[125] 任春颖，张柏，张树清等. 基于RS与GIS的湿地保护有效性分析——以向海自然保护区为例 [J]. 干旱区资源与环境，2008，22 (2)：133-139.

[126] 任春颖，张柏，张树清等. 向海自然保护区湿地资源保护有效性及其影响因素分析 [J]. 资源科学，2007，29 (6)：75-82.

[127] 荣子容，王其翔，马安青. 黄河三角洲湿地景观格局变化特征研究 [J]. 中国海洋大学学报 (自然科学版)，2013，43 (3)：81-85.

[128] 盛连喜，何春光，赵俊等. 向海湿地生态环境变化对丹顶鹤数量及其分布的影响分析 [J]. 东北师范大学学报 (自然科学版)，2001，33 (3)：91-95.

[129] 苏维词，易武英. 基于灰色模型的贵阳市土地利用/覆被变化的驱动力分析 [J]. 水土保持通报，2014，34 (6)：256-266.

[130] 孙才志，闫晓露. 基于GIS-Logistic耦合模型的下辽河平原景观格局变化驱动机制分析 [J]. 生态学报，2014，34 (24)：7280-7292.

[131] 孙广友. 中国湿地科学的进展和展望 [J]. 地球科学进展，2000，15 (6)：666-672.

[132] 孙菊，李秀珍，王宪伟等. 大兴安岭冻土湿地植物群落结构的环境梯度分析 [J]. 植物生态学报，2010，34 (10)：1165-1173.

[133] 孙贤斌，刘红玉. 基于生态功能评价的湿地景观格局优化及其效应——以江苏盐城海滨湿地为例 [J]. 生态学报，2010，30（5）：1157-1166.

[134] 孙玉文. 吉林向海湿地水环境调查与评价 [D]. 长春：吉林农业大学硕士学位论文，2008.

[135] 万忠梅，宋长春，杨桂生等. 三江平原湿地土壤活性有机碳组分特征及其与土壤酶活性的关系 [J]. 环境科学学报，2009，29（2）：406-412.

[136] 王传辉，陆苗，高超. 基于地学信息图谱的合肥市空间扩展及驱动力研究 [J]. 滁州学院学报，2014，16（5）：87-93.

[137] 王福田. 湿地保护与恢复工程评估研究 [D]. 北京：中国林业科学研究院博士学位论文，2012.

[138] 王建华，吕宪国. 城市湿地概念和功能及中国城市湿地保护 [J]. 生态学报，2007，26（4）：555-560.

[139] 王立群，陈敏建，戴向前等. 松辽流域湿地生态水文结构与需水分析 [J]. 生态学报，2008（6）：2894-2899.

[140] 王玲玲，曾光明，黄国和等. 湖滨湿地生态系统稳定性评价 [J]. 生态学报，2005，25（12）：3406-3410.

[141] 王茜，吴胜军，肖飞等. 洪湖湿地生态系统稳定性评价研究 [J]. 中国生态农业学报，2005，13（4）：178-180.

[142] 王小鹏，赵成章，王继伟等. 秦王川盐沼湿地角果碱蓬种群聚集分布格局与特征 [J]. 生态学报，2018，38（11）：3943-3951.

[143] 王晓春，周晓峰，何小弟等. 基于 GIS 的扬州瘦西湖新区湿地景观格局分析 [J]. 扬州大学学报，2005，26（4）：95-98.

[144] 王雪梅，柴仲平，塔西甫拉提·特依拜等. 塔里木盆地北缘绿洲景观格局变化与稳定性分析 [J]. 国土与自然资源研究，2010（1）：45-47.

[145] 王长科，刘彩虹，吕宪国. 吉林向海自然保护区湿地资源的保护 [J]. 资源开发与市场，2000，16（3）：167-168.

[146] 韦翠珍，张佳宝，周凌云. 沿黄河下游湖泊湿地植物群落演替及其多样性研究 [J]. 生态环境学报，2011，20（1）：30-36.

[147] 魏海燕. 吴忠市湿地保护工作存在问题及建议 [J]. 林业经济，2017（8）：101-104.

[148] 魏强，杨丽花，刘永等. 三江平原湿地面积减少的驱动因素分析 [J]. 湿地科学，2014，12（6）：766-771.

[149] 邬建国. 景观生态学：格局、过程、尺度与等级（第 2 版） [M]. 北京：高等教育出版社，2007.

[150] 伍卡兰，曹启民，陈桂珠. 汕头红树林湿地沉积物多环芳烃垂直分布特征 [J]. 生态学杂志，2009，28 (12)：2553-2560.

[151] 武慧智，姜琦刚，李远华等. 松嫩流域湿地景观动态变化 [J]. 吉林大学学报（地球科学版），2015，45 (1)：327-334.

[152] 肖笃宁，李秀珍. 当代景观生态学的进展和展望 [J]. 地理科学，1997，17 (4)：356-364.

[153] 肖烨，商丽，黄志刚等. 吉林东部山地沼泽湿地土壤碳、氮、磷含量及其生态化学计量学特征 [J]. 地理科学，2014，34 (8)：994-1001.

[154] 徐大海，张国发. 大庆湿地生态安全评价指标体系的构建 [J]. 哈尔滨商业大学学报（自然科学版），2014，30 (4)：438-441.

[155] 许吉仁，董霁红. 1987~2010 年南四湖湿地景观格局变化及其驱动力研究 [J]. 湿地科学，2013，11 (4)：438-445.

[156] 许木启，黄玉瑶. 受损水域生态系统恢复与重建研究 [J]. 生态学报，1998，18 (5)：547-558.

[157] 杨娟，蔡永立，袁涛. 基于 CLUE-S 模型的崇明县土地利用变化时空动态模拟研究 [J]. 中国农学通报，2014，30 (11)：258-264.

[158] 杨小艳，刘文璐，李龙等. 面向对象的沿海地区土地利用/覆被信息提取研究 [J]. 测绘通报，2019 (6)：89-91，95.

[159] 杨洋，王慧，高欣等. 浅谈湿地保护管理中存在的问题与建议 [J]. 农业开发与装备，2018 (2)：146-147.

[160] 岳峰. 上海大莲湖湿地修复中的鸟类多样性保育和栖息地优化 [D]. 上海：华东师范大学硕士学位论文，2011.

[161] 张春华，李修楠，吴孟泉等. 基于 Landsat 8 OLI 数据与面向对象分类的昆嵛山地区土地覆盖信息提取 [J]. 地理科学，2018，38 (11)：1904-1913.

[162] 张春霞，郝明德，王旭刚等. 黄土高原沟壑区小流域土壤养分分布特征 [J]. 水土保持研究，2003 (1)：78-80.

[163] 张洪云. 基于控制—干扰—响应机制的湿地景观稳定性分析与评价 [D]. 哈尔滨：哈尔滨师范大学硕士学位论文，2016.

[164] 张亮，邢福，吕宪国等. 三江平原沼泽湿地群落演替系列 β 多样性 [J]. 应用生态学报，2008，19 (11)：2455-2459.

[165] 张亮，邢福，于丽丽等. 三江平原沼泽湿地岛状林植物多样性 [J]. 植物生态学报，2008，32 (3)：582-590.

[166] 张美美，张荣群，张晓东等. 基于 ANN-CA 的湿地景观变化时空动态模拟研究 [J]. 计算机工程与设计，2013，34 (1)：377-381.

［167］张敏，宫兆宁，赵文吉．近 30 年来白洋淀湿地演变驱动因子分析［J］．生态学杂志，2016，35（2）：499-507.

［168］张敏，宫兆宁，赵文吉等．近 30 年来白洋淀湿地景观格局变化及其驱动机制［J］．生态学报，2016，36（15）：4780-4791.

［169］张秋菊，傅伯杰，陈利顶．关于景观格局演变研究的几个问题［J］．地理科学，2003，23（3）：264-270.

［170］张亚玲．基于 GIS 和 RS 的土地利用变化及驱动机制研究——以西安市为例［D］．西安：陕西师范大学硕士学位论文，2014.

［171］张永民，赵士洞，郭荣朝．全球湿地的状况、未来情景与可持续管理对策［J］．地球科学进展，2008，23（4）：415-420.

［172］张有智，吴黎．三江平原湿地动态变化及驱动力分析［J］．黑龙江农业科学，2010（12）：151-154.

［173］张玉红，苏立英，于万辉等．扎龙湿地景观动态变化特征［J］．地理学报，2015，70（1）：131-142.

［174］赵传冬，刘国栋，杨柯等．黑龙江省扎龙湿地及其周边地区土壤碳储量估算与 1986 年以来的变化趋势研究［J］．地学前缘，2011，18（6）：27-33.

［175］赵峰，刘华，鞠洪波等．三江源典型区湿地景观稳定性与转移过程分析［J］．北京林业大学学报，2012，34（5）：69-74.

［176］赵峰，鞠洪波，张怀清等．国内外湿地保护与管理对策［J］．世界林业研究，2009，22（2）：22-27.

［177］赵海迪，刘世梁，董世魁等．三江源区人类干扰与湿地空间变化关系研究［J］．湿地科学，2014，12（1）：22-28.

［178］赵海莉，赵锐锋，张丽华等．黑河中游湿地典型植物群落特征与物种多样性的研究［J］．生态学杂志，2013，32（4）：813-820.

［179］赵魁义．中国沼泽志［M］．北京：科学出版社，1999.

［180］赵琳．涪陵区土地利用空间格局分析及其预测模拟［D］．重庆：西南大学硕士学位论文，2014.

［181］赵泽华．城市湿地公园建设问题分析及对策探讨［J］．山西农经，2018（20）：55.

［182］郑根清，汪全胜．浙江大荡漾湿地修复工程措施探讨［J］．华东森林经理，2008，22（2）：356-364.

［183］周德民，宫辉力，胡金明等．三江平原淡水湿地生态系统景观格局特征研究——以洪河湿地自然保护区为例［J］．自然资源学报，2007，22（1）：86-96.

［184］周洁敏. 论吉林向海国家级自然保护区建设的必要性与保护对策［J］. 林业资源管理，2000（3）：29-34.

［185］周林飞，徐浩田，张静. 凌河口湿地自然保护区景观格局变化及功能区划分［J］. 湿地科学，2016，14（3）：403-407.

［186］周小春. 植被在湿地修复中的应用［J］. 安徽林业科技，2013，39（2）：11-14.

［187］朱颖，林静雅，赵越等. 太湖国家湿地公园生态恢复成效评估研究［J］. 浙江农业学报，2017，29（12）：2109-2119.